Pouch Bags
Lessons

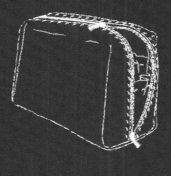

Pouch Bags
Lessons

Pouch Bags
Lessons

可愛又實用，

讓人想要作出好多個的波奇包大集合！

正因為小巧玲瓏，所以細節也要確實製作喲！

拉鍊、接著襯、裡布的接合方法、材料、口金…

徹底掌握新手容易困擾的5大重點，

作出美麗又耐用的波奇包吧！

超實用
〔 波奇包小教室 〕

contents

波奇包製作基礎

○ 建議布料 在此介紹部分使用於本書作品的布料。請作為製作波奇包的參考。

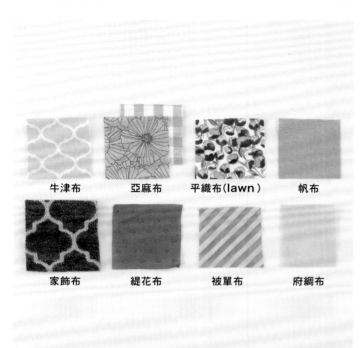

牛津布　亞麻布　平織布(lawn)　帆布

家飾布　緹花布　被單布　府綢布

牛津布
厚度恰到好處的棉布，也經常被使用在男性襯衫等織品。

亞麻布
以亞麻纖維作為原料編織而成的布料。具有強韌度，質感柔軟同時也有良好的吸水性。

平織布（lawn）
宛如絲般柔軟具有光澤的優質薄平織布。以Liberty Print的Tana Lawn最為知名。當成表布使用時，需黏貼接著襯。

帆布
以粗織線細密編織而成的堅固布料，材料為棉或麻。由於號碼越小越厚，以家用縫紉機車縫時，建議選擇11號左右的種類。

家飾布
園藝等居家布置時所使用的厚布。亦有圖案特殊的進口款式。

緹花布
以緹花織布機製作，以織線呈現圖案的布料。多半為圓點、幾何學圖案或小花等小尺寸底圖。

被單布
粗平織布。不單只有素色，印花布料也很豐富。無論作為表布或裡布都很推薦。

府綢布
一般厚度的平織布料。是手感柔軟且具有光澤的棉質布。

○ 一開始要準備的工具 製作波奇包時，需準備好的基本工具。

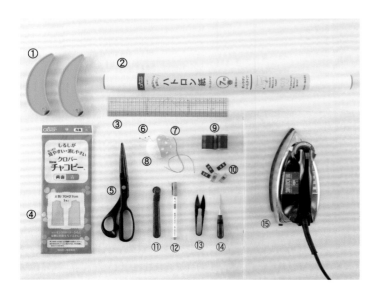

①**布鎮**　在描繪紙型等情況時所使用的重物。

②**牛皮紙**　描繪紙型時所使用的薄紙。

③**方格尺**　長度約為30cm，印有方格，使用便利。

④**布用複寫紙**　夾在布料之間，從上方以點線器加壓以描繪記號。

⑤**布用剪刀**　剪布專用剪刀。要注意的是，若用於裁布以外的物品，會使剪刀變鈍。

⑥**珠針**　固定2片以上布片時，所使用的針。

⑦**手縫針**　手縫用針。建議選擇一般厚度布用的西式裁縫針。

⑧**針插**　不使用的針可插入備用。

⑨**車縫線**　車縫用線。配合布料選擇粗細。

⑩**疏縫固定夾**　使用於暫時固定容易殘留針孔的布料。

⑪**點線器**　用來與布用複寫紙搭配，作出記號。

⑫**粉土筆**　用於作記號。

⑬**線剪**　剪線專用握式剪刀。

⑭**錐子**　便於整理角落形狀，推送布料及細部作業。

⑮**熨斗＆燙台**　用於摺疊縫份、燙平皺紋，在完成漂亮成品時不可或缺。

※熨斗、燙台、車縫線以外的工具提供／Clover

● 紙型使用方式　請於製作紙型後裁布。

描繪原寸紙型

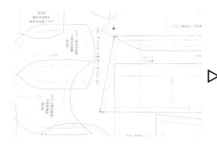 ▷ 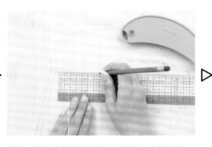 ▷

在想要描下的裁片角落，以消失筆作記號。

將牛皮紙或描圖紙等可透光紙重疊於原寸紙型上，描出需要的線條、記號和裁片名稱。

沿著縫份線剪下紙型。

裁布

紙型的某個裁片

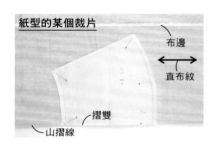

布邊

直布紋

摺雙

山摺線

將布料與紙型對齊直布紋放置，以珠針固定避免錯開，進行裁布。直布紋是指與布邊平行的織線。標示「摺雙」的位置則對齊布料的山摺線。

無紙型裁片

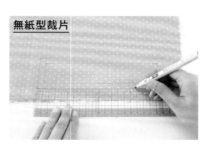

長方形等僅以直線即可製作的類型，也可能不附原寸紙型。此時，請直接在布料上畫線裁布。

Point

對花的訣竅

前側　　後側

使用格紋或條紋等印花布料時，以「讓中心呈現相同圖案」「脇邊等縫合部分的圖案看起來連貫」為原則進行對花。以前側和後側中心呈相同圖案的方式放置，同時也讓袋口圖案一致。

作記號

使用粉土筆時

在紙型的完成線上以錐子預先打洞，重疊於布料上作出記號。連接兩點描繪完成線。

使用布用複寫紙時

在背面相對的布料之間夾入複寫紙，從紙型上方以點線器加壓。使用波浪刀刃款式的點線器。

◯ 布料的對齊方式

經常出現於作法，請事先記下吧！

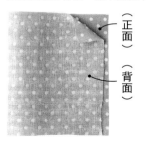

（正面）
（背面）

（背面）
（正面）

正面相對

將布料的正面分別朝
向內側對齊。

背面相對

將布料的正面分別朝
向外側對齊。

◯ 珠針的固定順序

是使布料不易跑位的順序。

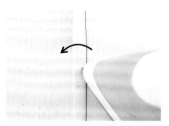

① ④ ③ ⑤ ②

首先先在末端①和末端②別上珠針。

▼

在①和②的中心③別上珠針（當紙型有記號時則別於記號對齊處）。

▼

在①和③、②和③之間，別上珠針④⑤。

◯ 線和針的選擇方法

依照使用布料，選擇車縫線和針。

布	線	針
普通 亞麻布、被單布、 府綢布、11號帆布等	60號	11號
厚 8號帆布、丹寧布、 合成皮等	30號	14號

◯ 縫份的壓倒方式

若縫份確實以熨斗熨燙，在完成品上亦會呈現差異。

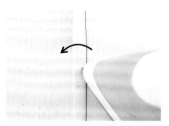
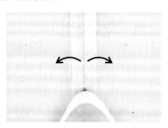

倒下

將縫合完成後的縫份（2片以
上）一起摺向單側。

燙開

燙開縫份，往左右摺疊。

◯ 處理縫份

處理縫份以避免布邊脫線。

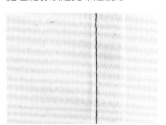

三摺邊車縫

將布邊摺疊2次，進行車縫。布邊會藏在內側而
無法看見。

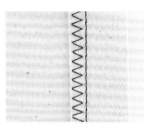

二摺邊車縫

摺疊1次布邊進行車縫。由於會露出布邊，因此
以Z字形車邊等方式處理後再車縫。

拉鍊的接合技巧

首先，從波奇包不可欠缺的
拉鍊接合開始掌握吧！

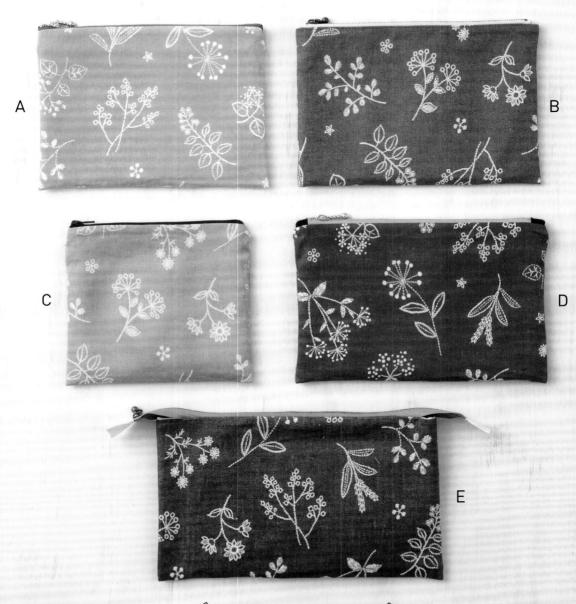

A

B

C

D

E

〔 **可學會拉鍊布端處理的**
5款平面波奇包 〕

製作時，最具代表的困擾之一就是拉鍊兩端的處理。
在此以基本的平面波奇包為您介紹5種處理方式。
How to make ▷ A,B=P.58 C,D=P.59 E=P.60
Lesson ▷ P.10
design & make　dekobo工房 くぼでらようこ

A 摺三角形

將布端摺成三角形，就不會被縫入脇邊，因此可漂亮翻出角落。若筆直摺疊則布端會被縫入脇邊，因此便無法漂亮地作出角落。

B 摺成直角

摺成直角，拉鍊布帶將不會與脇邊縫份重疊，因此可工整漂亮地完成兩端角落。

C 往內收入

是建議使用於鍊齒及布帶輕薄柔軟的FLATKNIT® 拉鍊的作法。完成的作品呈現與A相同的外觀。

D 接合配布

布帶末端以配布包捲的作法。可變化色彩作為點綴，當拉鍊長度不足時亦可進行微調。

E 向外錯開

接合拉鍊時，朝向末端漸漸錯開縫合。由於會在布帶末端接合布標，因此為開闔都方便的設計。也常出現在使用口金支架時。

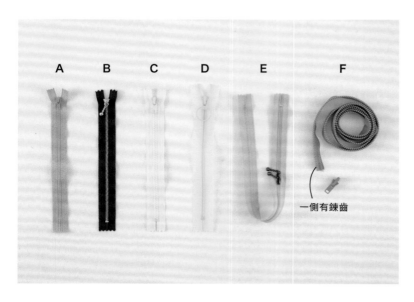

拉鍊教學

拉鍊的種類

A B C D E F

A FLATKNIT®拉鍊
鍊齒為樹脂的拉鍊。布帶為針織狀，優點在於輕薄柔軟。

B 金屬拉鍊
鍊齒為金屬製的拉鍊。拉頭及鍊齒的顏色亦有銀色或古董金色等款式。

C VISLON®拉鍊
以樹脂製的大鍊齒為特長的拉鍊。由於是樹脂製作，因此比起相同鍊寬的金屬拉鍊更加輕巧。

D 透明拉鍊
使用尼龍布帶，具有透視感的拉鍊。鍊齒是以環狀樹脂製作而成。

E 雙頭拉鍊
2個拉頭以前端相對的方式安裝。

F 自由拼拉鍊
呈單條緞帶狀，操作時可無視鍊齒的上下及正反的拉鍊。使用時需另外準備拉頭。

一側有鍊齒

部位名稱及長度

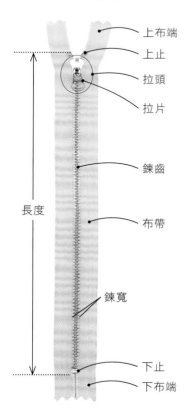

上布端
上止
拉頭
拉片
鍊齒
布帶
長度
鍊寬
下止
下布端

拉片

拉鍊的拉片也有各種款式。若具有較大的拉片、珠鍊或拉環，便易於波奇包的開闔。

〔 這邊要注意!! 〕

No.3　No.5

鍊寬
在購買拉鍊時，有時會標記No.3或No.5等表示鍊寬的數字。若改變鍊寬，拉鍊的粗細也會改變，因此在製作附有側身的款式時，需要調整縫份寬度。

空間不足

縫合位置
為了能讓拉鍊順暢開關，因此需要能通過拉頭的寬度。縫合在本體上時，記得要保留鍊齒兩側的空間。

自由拼接拉鍊的用法

前端

①自拉頭的前端插入布帶。

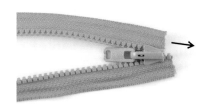

②再將另一邊的布帶插入拉頭的前端。

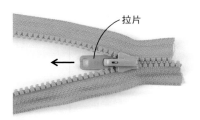

拉片

③拉上拉片,讓鍊齒咬合。

調整拉鍊長度

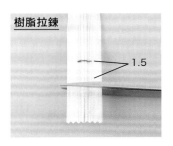

樹脂拉鍊

1.5

於所需長度的位置,縫合固定以避免左右分離,加上1.5cm左右的多餘分量,以剪刀剪斷。

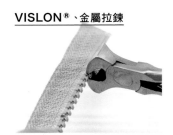

VISLON®、金屬拉鍊

①以虎頭鉗或剪鉗拔下上止,剪斷並移除鍊齒直到需要的長度。

②將上止夾在布帶上。注意避免與鍊齒之間產生空隙。

③以鉗子壓緊固定。
※VISLON®的情況,由於上止無法再利用,因此需另外準備新的上止。

車縫訣竅

單邊壓布腳

由於空出一側,因此壓布腳可在不壓到鍊齒的情況下進行車縫。

①車縫拉鍊時,以打開到中間的狀態進行車縫。一旦壓到拉頭,縫線就會歪掉,因此在拉頭前降下車針,停止車縫。並抬起壓布腳。

②拉住拉片,將拉頭往壓布腳後側移動。

③將拉頭移動到不會擋住壓布腳的位置之後,就降下壓布腳繼續車縫。

拉鍊接合方式 & 布端處理

A 摺三角形 `Lesson`

※材料、完成尺寸、裁布圖參照P.58。
※為容易理解，使用色彩醒目的線條。

① 處理布端

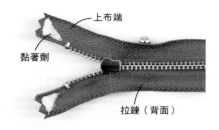
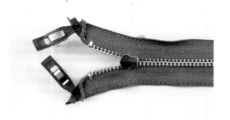
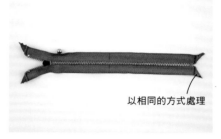

①在拉鍊背面的上布端，將黏著劑塗成三角形。

②摺疊上布端，以疏縫固定夾固定直到黏著劑乾燥為止。

②下布端也以相同方式塗上黏著劑摺疊。

② 將拉鍊暫時固定於表布上

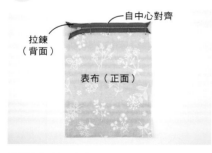
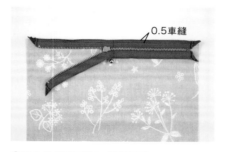

①對齊拉鍊及表布中心，正面相對疊合。

②縫合拉鍊及表布，暫時固定。

拉鍊的車縫重點 `Point`

移動拉頭進行車縫

①在拉頭之前停止車縫。

②在降下車針的狀態，抬起壓布腳。

③拉住拉片，將拉頭移動至壓布腳後側。

④降下壓布腳，繼續車縫。

3　接合裡布

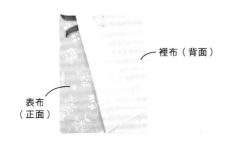

①將表布及裡布正面相對，以珠針固定避免中心位移。

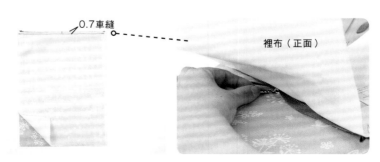

0.7車縫

裡布（背面）

表布（正面）

②縫合表布、拉鍊、裡布。

裡布（正面）

以暫時固定拉鍊時的相同作法，避免拉頭擋到壓布腳的方式進行車縫。翻起裡布，將拉頭朝後側移動。

裡布（正面）　拉鍊（正面）

表布（正面）

③縫份倒向表布側。

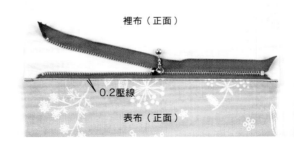

裡布（正面）

0.2壓線

表布（正面）

④於表布側的袋口壓線。

4　車縫拉鍊相對側

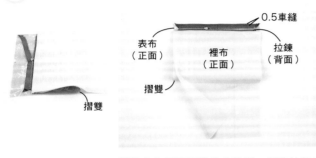

摺雙

0.5車縫

表布
（正面）

裡布
（正面）

拉鍊
（背面）

摺雙

①將表布正面相對疊合對摺，再將拉鍊及表布邊緣正面相對疊合，暫時固定。

摺雙

0.7車縫

拉鍊（背面）

裡布
（背面）

摺雙

②將裡布正面相對疊合對摺，並將裡布邊緣對齊拉鍊進行車縫。

③從脇邊翻至正面。

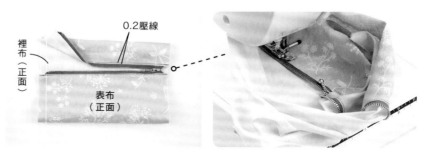

0.2壓線

裡布（正面）

表布（正面）

④將②所車縫的縫份倒向表布側壓線。

壓線自上布端側起，依照 ③ -④的方式僅車縫表布側。

5　車縫脇邊

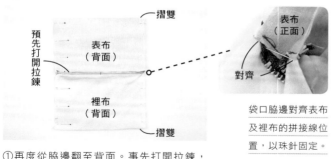

摺雙

預先打開拉鍊

表布（背面）

裡布（背面）

摺雙

表布（正面）

對齊

袋口脇邊對齊表布及裡布的拼接線位置，以珠針固定。

①再度從脇邊翻至背面。事先打開拉鍊，分別將表布、裡布各自正面相對疊合，以珠針固定。

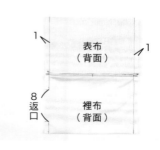

1

表布（背面）

1

8返口

裡布（背面）

②車縫兩脇，並在裡布脇邊留下返口。

\\ Finish //
完成

6　翻至正面

翻至正面

①從返口翻到正面。

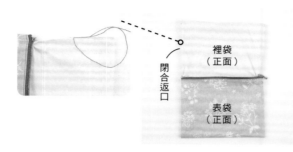

裡袋（正面）

閉合返口

表袋（正面）

②將縫份摺往內側，返口以藏針縫（參照P.57）縫合。再將裡袋置入表袋內側。

拉鍊的布端處理

B 摺成直角 `Point Lesson`

※材料、完成尺寸、裁布圖,及此處之外的作法參照P.58。

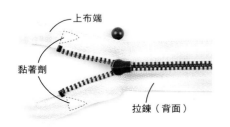

①在上止脇邊,如圖將黏著劑塗成三角形。

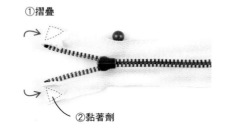

②在上止位置摺疊上布端。並在摺疊好的部分將黏著劑塗成三角形。

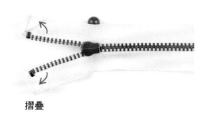

③將上布端的末端摺回。如此直角便摺好了!下布端也以相同方式處理。

C 往內收入 `Point Lesson`

※材料、完成尺寸、裁布圖,及此處之外的作法參照P.59。

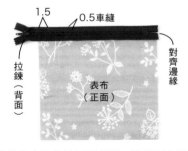

①將表布及拉鍊正面相對,對齊下布端邊緣與縫份邊緣。於上止側末端留下1.5cm進行車縫。

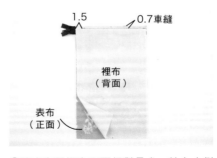

②將表布及裡布正面相對疊合,於上止側末端留下1.5cm進行車縫。

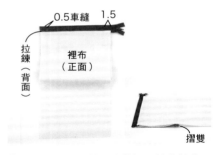

③將表布正面相對疊合對摺,並將拉鍊及表布邊緣正面相對疊合,暫時固定。於上止側末端留下1.5cm進行車縫。

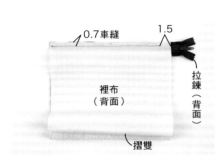

④將裡布正面相對疊合對摺,並將裡布邊緣對齊拉鍊車縫。上止側的末端留下1.5cm進行車縫。

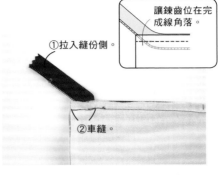

⑤打開拉鍊,避免鍊齒擋住脇邊完成線,將拉鍊拉入縫份側,車縫剩餘部分。相對側也以同樣方式進行車縫。

⑥在車縫脇邊之後剪掉多餘的拉鍊。

13

D 接合配布 Point Lesson ※材料、完成尺寸、裁布圖，及此處之外的作法參照P.59。

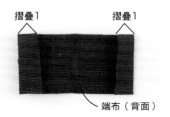

①摺疊布端布縫份。

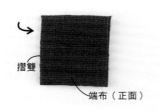

②將布端布背面相對對摺。

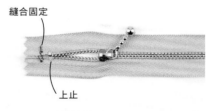

③拉鍊的上止側手縫數針固定，避免左右分離。

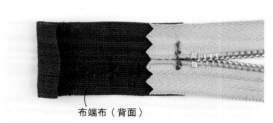

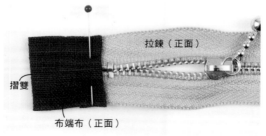

④以布端布夾住拉鍊布端，再以珠針固定。

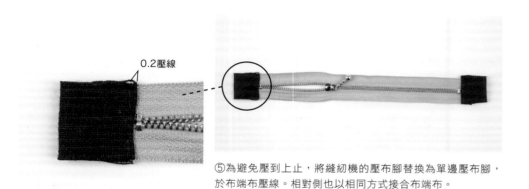

⑤為避免壓到上止，將縫紉機的壓布腳替換為單邊壓布腳，於布端布壓線。相對側也以相同方式接合布端布。

E 向外錯開 Point Lesson

※材料、完成尺寸、裁布圖，及此處之外的作法參照P.60。

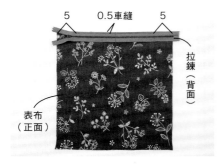

①將拉鍊及表布的中心對齊，正面相對疊合。並於兩脇空下5cm，暫時固定。

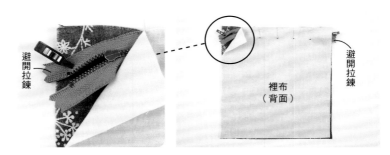

②將拉鍊在內側錯開，以疏縫固定夾暫時固定。將表布及裡布正面相對疊合。

③避開拉鍊車縫固定。

由於在拉鍊往內側避開的狀態直接車縫，因此拉鍊會從末端前方錯開。

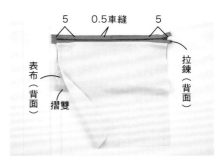

④將拉鍊在內側錯開，以疏縫固定夾暫時固定。將表布及裡布正面相對疊合。

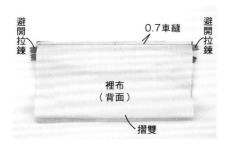

⑤以和②的相同方式避開拉鍊。將裡布正面相對疊合對摺，並將裡布邊緣對齊拉鍊縫合。

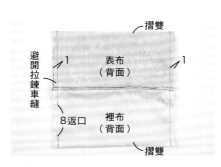

⑥縫份倒向表布側，並分別將表布、裡布各自正面相對疊合，車縫脇邊。注意避免將拉鍊末端縫入兩脇之中。

⑦拉鍊向外錯開接合完成。

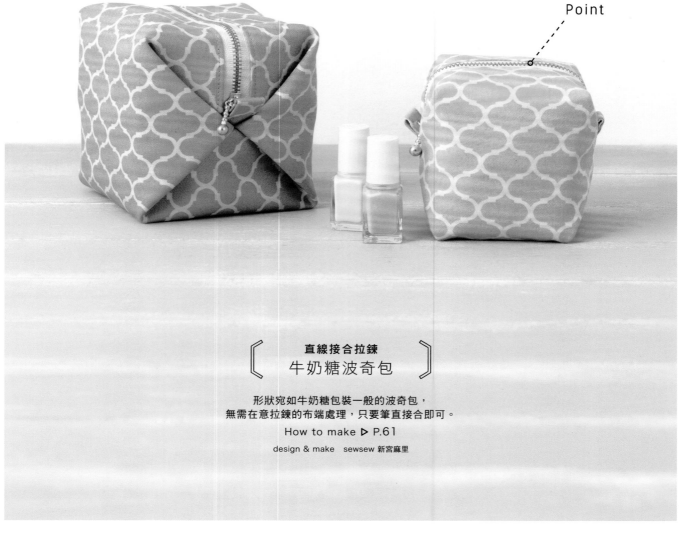

Point

直線接合拉鍊
牛奶糖波奇包

形狀宛如牛奶糖包裝一般的波奇包，
無需在意拉鍊的布端處理，只要筆直接合即可。

How to make ▷ P.61

design & make　sewsew 新宮麻里

布料提供／松尾捺染

Point

接合拉鍊側身
圓形波奇包

拉鍊是夾在表裡側身之間，筆直車縫的基本縫法。
加上底側身，並與袋身縫合，渾圓可愛的波奇包即完成。
How to make ▷ P.62

design & make　mini-poche 米田亜里

Point

拉鍊呈弧形接合
貝殼形波奇包

配合袋身，一邊彎曲拉鍊，一邊縫合。
建議使用布帶柔軟，且可簡單調整長度的FLATKNIT®拉鍊。
How to make ▷ P.63

design & make　komihinata 杉野未央子

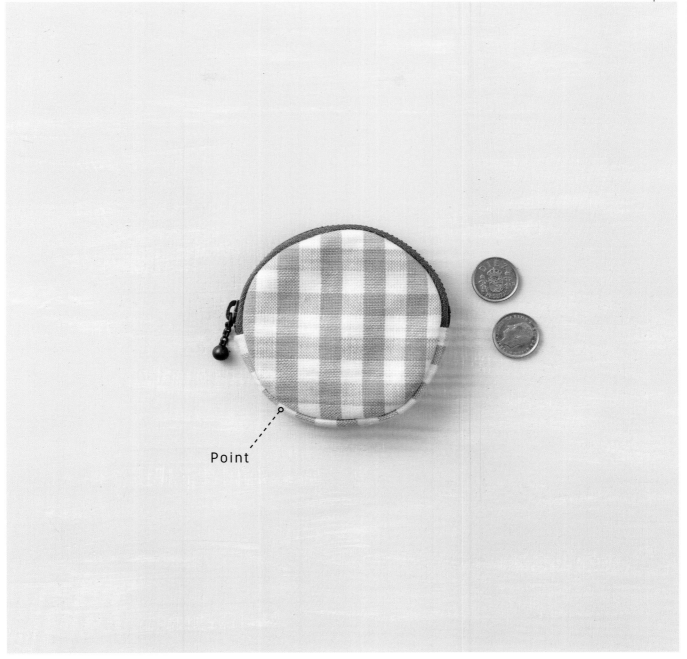

Point

〔 **側身寬度＝拉鍊寬度的**
零錢包 〕

拉鍊及側身為相同尺寸。
由於弧度較大，疏縫之後，再進行縫合吧！
How to make ▷ P.66

design & make　mini-poche 米田亜里

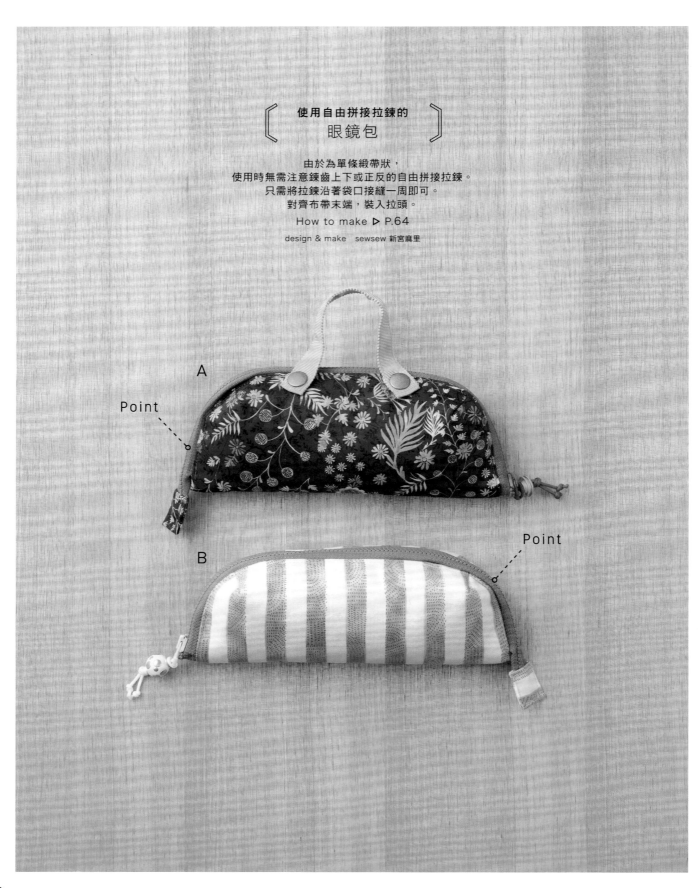

使用自由拼接拉鍊的
眼鏡包

由於為單條緞帶狀，
使用時無需注意鍊齒上下或正反的自由拼接拉鍊。
只需將拉鍊沿著袋口接縫一周即可。
對齊布帶末端，裝入拉頭。
How to make ▷ P.64
design & make　sewsew 新宮麻里

A

Point

B

Point

拉開拉鍊即可大大展開，可當成置物盤使用，是十分推薦用於旅行之中的小物。

接合於袋身的提把使用四合釦安裝，以便於拆卸。掛在包包上方便使用。

接著襯的運用

影響成品風貌的決定性因素便是接著襯。
依照想製作的感覺選擇吧!

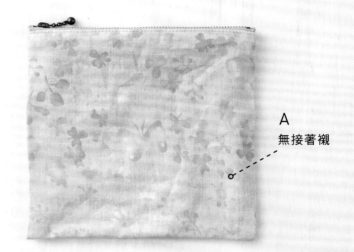

A
無接著襯

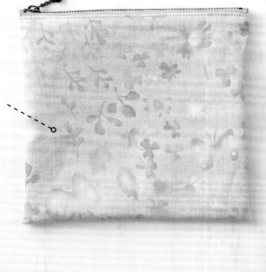

B
有接著襯

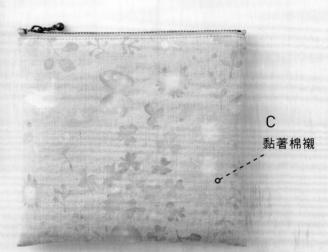

C
黏著棉襯

可了解接著襯差異性的
方形波奇包

無接著襯,成品展現出柔軟無力的樣貌。
加上接著襯,則能作出筆挺的作品。
若黏貼上黏著棉襯,可營造蓬鬆感。
How to make ▷ P.67
design & make   dekobo工房 くぼでらようこ

布料・拉鍊提供／日本紐釦貿易

何謂接著襯？

接著襯是黏貼於布料背面，以達到使布料具硬挺度、補強或防止變形的材料。由於在底布具有黏膠，因此是以熨斗加熱黏貼。會因底布的種類或厚度，在黏貼後帶來不同的感覺，依照想製作的波奇包風格，選擇偏好的接著襯吧！

建議使用於波奇包的接著襯種類

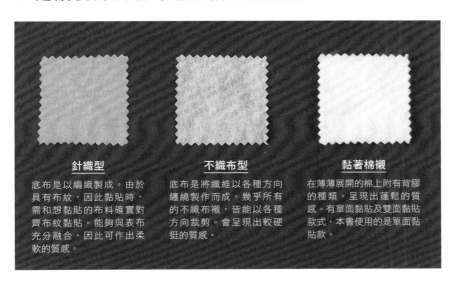

針織型
底布是以編織製成。由於具有布紋，因此黏貼時，需和想黏貼的布料確實對齊布紋黏貼。能夠與表布充分融合，因此可作出柔軟的質感。

不織布型
底布是將纖維以各種方向纏繞製作而成。幾乎所有的不織布襯，皆能以各種方向裁剪。會呈現出較硬挺的質感。

黏著棉襯
在薄薄展開的棉上附有背膠的種類。呈現出蓬鬆的質感。有單面黏貼及雙面黏貼款式，本書使用的是單面黏貼款。

Recommend

〔 便利小道具 〕

熨斗清潔劑

黏貼好幾次接著襯之後，會在熨斗上留下殘膠。若直接熨燙，會汙染布料，因此請定期使用清潔劑清理熨燙面。

Clover提供

接著襯的貼法

基本

將接著襯的膠面重疊在想黏貼的裁片上。需注意避免在接著襯與布料之間夾入線頭等碎屑。放上墊布或墊紙，以熨斗熨壓。由於會把接著襯壓開，因此熨斗不要使用滑行的方式，而是一邊施以體重按壓同時黏貼。

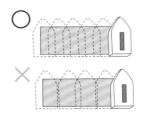

1處熨壓完畢後，就提起熨斗毫無間隙地按壓下一處。一旦留下空隙，就只有該處的接著襯不會貼合，因此從正面觀看時的樣貌也會產生異常。

黏貼整面裁片

將布料裁剪成比要整面黏貼的裁片大一圈（粗略地裁布）。接著剪下比該布料小0.2cm左右的接著襯黏貼。接著襯牢牢黏貼好之後，即可剪下裁片。

黏貼部分裁片

先製作要貼襯部分的紙型，裁剪成想要黏貼的尺寸。在預先裁好的裁片上重疊黏貼接著襯。

23

裡布的接合方法

也可作為波奇包的補強及防止髒汙的裡布。
依照喜好，選擇方便接合的方法。

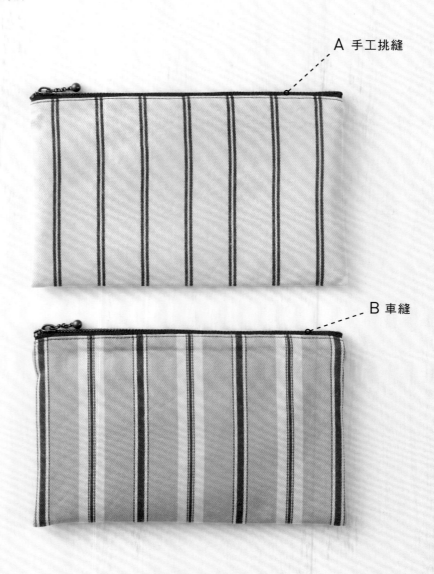

A 手工挑縫

B 車縫

〔 **不同的裡布接合方式** 〕
拉鍊波奇包

雖然外觀相同，但裡布接合方式不同的2款波奇包。
上方的波奇包是手工挑縫的接合方式。
下方的波奇包則是以車縫完成的作法。
How to make ▷ A=P.68 B=P.69
design & make　dekobo工房 くぼでらようこ

拉鍊提供／日本紐釦貿易

裡布接合教學

基礎的波奇包裡布接合

A 以手工挑縫接合

先分別作好表袋及裡袋,再以手縫挑縫袋口接合。雖然比起車縫較花功夫,但卻是任何波奇包都能夠使用的方法,也很推薦波奇包的製作新手使用。

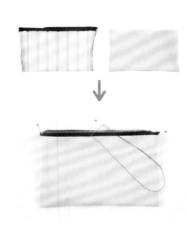

B 以車縫接合

是在一開始以表布及裡布夾住拉鍊車縫的方式。由於是以縫紉機車縫,因此可快速接合。若掌握了第1堂拉鍊布端的處理,便可作出相當工整的成品(詳細縫法請參照P.10至P.12)。

推薦的裡布

波奇包的裡布要選擇比表布更薄的款式。若使用比表布厚的款式,會從表面看得到裡布的角落四周。若無論如何裡布就是比較厚,就在表布黏貼上接著襯進行補強。

薄至一般厚度棉布

平織布、府綢布、被單布等種類,不但容易取得,色彩也很豐富。

尼龍、聚酯纖維

尼龍塔夫塔、聚酯纖維塔夫塔等化學纖維,不但具有強度也耐髒。

25

相同紙型，**2種類型的裡布接合方式**
連接側身波奇包

以相同紙型製作的2款波奇包。
雖然前半段的作法相同，
但左邊的波奇包是以滾邊收尾，
右邊的波奇包則是以翻摺的方式接合裡布。

How to make ▷ A=P.70 (Lesson/P.28) B=P.71 (Point Lesson/P.31)

design & make　服裝樣貌設計 岡田桂子

A 滾邊處理

B 翻摺

提供／黃色布料：fabric bird、拉鍊：日本紐釦貿易

A

Point

分別於側身與袋身的裁片接合裡布之後，再進行縫合，最後用滾邊條以滾邊處理的作法。若要挑戰連接側身，建議先從這款下手。

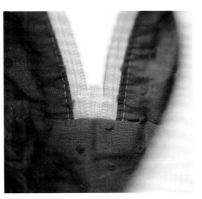

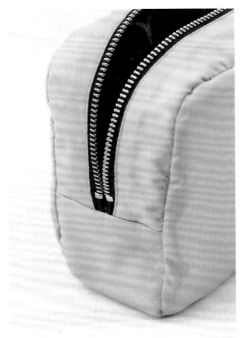

B

Point

由於是將縫份收在內側，因此成品俐落。縫合側身及袋身時，是以三明治的方式縫製，因此需要一點技巧。確認好縫法順序之後，請試著挑戰看看。

連接側身的裡布接合方式

A 以滾邊處理接合裡布 〔Point Lesson〕

※材料、完成尺寸、裁布圖，及此處之外的作法參照P.70。
※為了一目了然，因此使用與作品不同的布料，及色彩醒目的縫線。

1 製作拉鍊側身

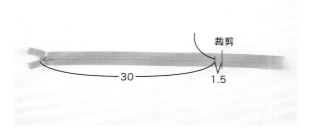

①準備需要長度的拉鍊。

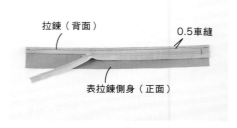

②將表拉鍊側身及拉鍊正面相對重疊，並暫時固定。

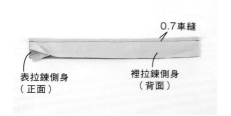

③將表拉鍊側身及裡拉鍊側身正面相對縫合。

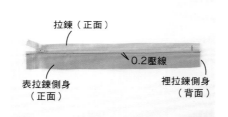

④將拉鍊側身翻至正面後壓線。

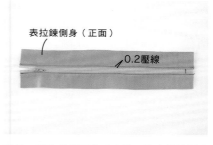

⑤另一側也以相同方式車縫，接合拉鍊側身。

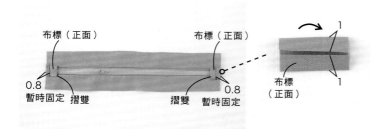

⑥準備2個摺疊兩側縫份後對摺的布標。並將布標暫時固定在拉鍊兩端。

2 接合底側身

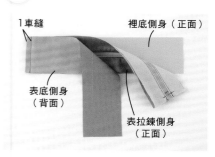

①分別將表拉鍊側身及表底側身、裡拉鍊側身及裡底側身正面相對疊合，車縫脇邊。

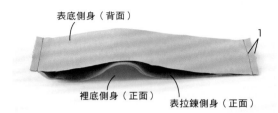

表底側身（背面）
裡底側身（正面）　表拉鍊側身（正面）
1

②另一側脇邊也以相同方式車縫。

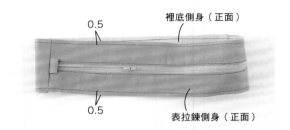

0.5
裡底側身（正面）
0.5
表拉鍊側身（正面）

③翻至正面，調整形狀。於側身周圍壓線一圈，暫時固定。

3　縫合袋身及側身

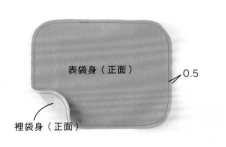

表袋身（正面）
0.5
裡袋身（正面）

①將表袋身及裡袋身背面相對疊合，暫時固定周圍。以相同的方式再作1片。

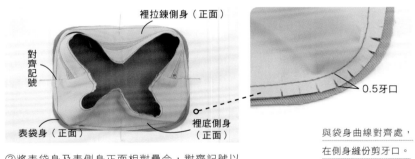

裡拉鍊側身（正面）
對齊記號
表袋身（正面）　　裡底側身（正面）

0.5牙口

與袋身曲線對齊處，在側身縫份剪牙口。

②將表袋身及表側身正面相對疊合，對齊記號以珠針固定。

0.7

③縫合袋身及側身。

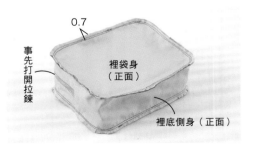

0.7
事先打開拉鍊
裡袋身（正面）
裡底側身（正面）

④側身的相對側也以相同方式縫合袋身。縫合前要事先打開拉鍊。

29

連接側身的裡布接合方式

4 處理縫份

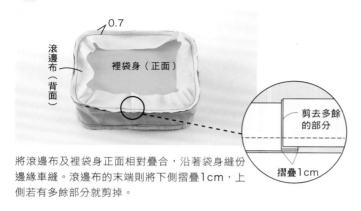

將滾邊布及裡袋身正面相對疊合，沿著袋身縫份邊緣車縫。滾邊布的末端則將下側摺疊1cm，上側若有多餘部分就剪掉。

剪去多餘的部分

摺疊1cm

車縫時使側身在上，重疊於 ③ -③④的縫線車縫，當翻出滾邊布時，縫線便不會外露。

5 處理縫份

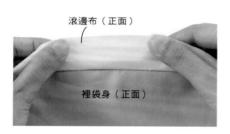

①掀起滾邊布。

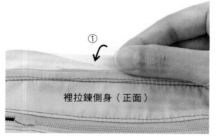

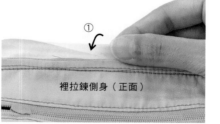

②將滾邊布摺2次，包捲縫份。以山摺線覆蓋縫線。

\\ Finish //
完成

③於山摺線邊緣壓線。

處理

④相對側的縫份也以相同方式，以滾邊布進行處理。

B 以翻摺的方式接合裡布 [Point Lesson]

※材料、完成尺寸、裁布圖，及此處之外的作法參照P.71。

1 製作側身（參照P.28〜P.29 ① 、 ② ）

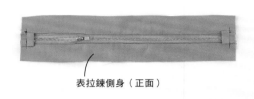

表拉鍊側身（正面）

①製作拉鍊側身，並接合布標。

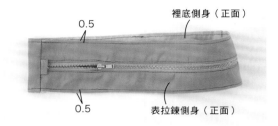

0.5

裡底側身（正面）

0.5

表拉鍊側身（正面）

②縫合拉鍊側身及底側身。

2 縫合前袋身及側身

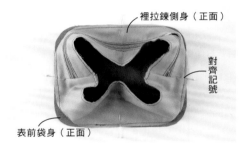

裡拉鍊側身（正面）

對齊記號

表前袋身（正面）

①將表前袋身及表側身正面相對疊合記號，以珠針固定。

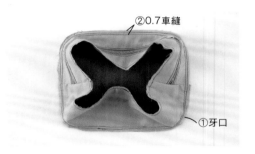

②0.7車縫

①牙口

②將對齊袋身曲線位置的側身縫份剪牙口，再縫合。

裡前袋身（背面）

③將裡前袋身重疊於②的上方。

裡拉鍊側身（正面）

裡前袋身（背面）

④將側身往內側摺入，並小心避免產生皺褶，以珠針固定於完成線上。

連接側身的裡布接合方式

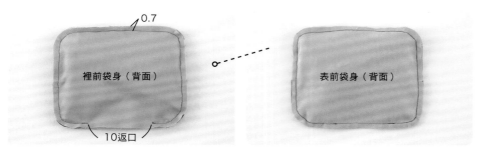

0.7

裡前袋身（背面）

10返口

表前袋身（背面）

⑤在底側留下返口進行車縫。

由於側身置於內側，翻至
背面僅看得到表袋身。

⑥自返口翻至正面。

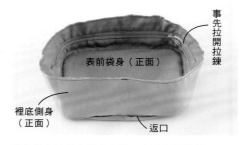

事先拉開拉鍊

表前袋身（正面）

裡底側身
（正面）

返口

⑦前袋身及側身縫合完畢。事先打開拉鍊。

---

③　縫合後袋身及側身

0.7

表後袋身（背面）

①表側身及表後袋身正面相對疊合。對齊袋身曲
線處，於側身縫份剪牙口之後再進行車縫。

裡後袋身（背面）

表後袋身（正面）

裡前袋身（正面）

②先翻摺，使表後袋身位於下側，再疊上裡後袋身。

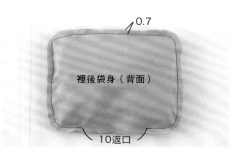

③將側身及裡前袋身摺入內側，以珠針避免產生皺紋地固定於完成線上。

表後袋身（背面）

④進行車縫，並於底側留下返口。

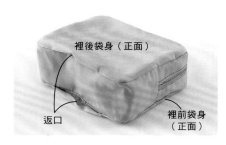

⑤自返口翻至正面。

⑥調整形狀。

4　縫合返口

\\ Finish //
完成

以藏針縫縫合位於2處的返口（參照P.57）

認識材料

波奇包,是以各種材料製作,享受手作樂趣的可愛單品。
在此為您介紹材料及製作時的作法重點。

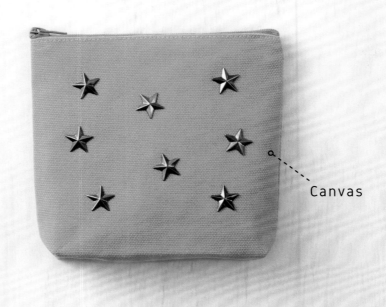

Canvas

〔 **以1塊布料縫製而成**
帆布波奇包 〕

帆布是堅固的布料,即使不接合裡布,也能夠完成牢固的成品。
以熨燙黏貼的爪釘享受原創設計的樂趣。
How to make ▷ P.72

design & make 服裝樣貌設計 岡田桂子

布料・拉鍊提供／日本紐釦貿易

Tyvek

Vinyl

不用處理縫份也OK

〔 泰維克波奇包、塑膠布波奇包 〕

輕巧堅固的泰維克®及耐水的塑膠布材料。
依照個別特性，試著改變使用方式吧！
How to make ▷ P.73,P.74

design & make　服裝樣貌設計 岡田桂子

Laminate

〔 **防水布的**
分隔波奇包 〕

經過複合加工的布料是抗水耐汗的材質。
奇妙的構造，宛如2個波奇包連接在一起。
請試著依照步驟挑戰。

How to make ▷ P.76

design & make　服裝樣貌設計 岡田桂子

提供／表布：MERCI、拉錬：日本紐釦貿易、提把：INAZUMA

Laminate
& Nylon

How to make ▷ P.78

〔 使用**2**種耐髒布料的 〕
化妝包

在表布使用了防水布,裡布使用尼龍布。
兩種布皆耐髒污,因此非常適合用於化妝包。
為了讓袋口大大打開,於側身加上了襠片,不會輕易讓物品掉出。

design & make　mini-poche 米田亜里

材料教學

材料的種類

帆布
帆布

以粗織線緊密編織而成的堅韌布料，是以棉或麻質製成。號碼越小越厚。圖中為8號帆布。

泰維克®紙

是質感類似紙張卻不易破裂，相當輕量的材質。也常被使用於防塵衣或農業用途。布邊無需處理也沒問題。

塑膠布

由於呈透明狀，因此可製作能看見內容物的波奇包。防水性也很優秀。無須處理布邊。也有含金蔥、網紋或有色款式。

防水布

在表面進行複合加工的布料。也具有優異的防水性。直接裁剪也不會脫線，還有霧面種類。

尼龍布

使用尼龍線編織而成布料，優點在於輕盈、強韌且耐髒污。也有經撥水加工的款式。尼龍牛津布或尼龍塔夫塔等種類，也非常適合當成裡布。

材料特性

布	熨燙	重新車縫	滑順度	撥水性
帆布	○	○	○	✕ ※撥水加工的類型為○
泰維克®	✕	✕	○	○
塑膠	✕	✕	✕	○
防水材料	✕	✕	✕ ※霧面款式為△	○
尼龍	○ ※低溫	○	○	✕ ※撥水加工的類型為○

Memo

無法熨燙的布料怎麼處理

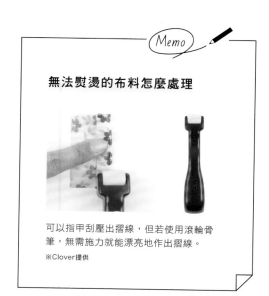

可以指甲刮壓出摺線，但若使用滾輪骨筆，無須施力就能漂亮地作出摺線。

※Clover提供

※泰維克®為美國杜邦公司的商標及註冊商標。

◯ 車縫的訣竅

使用適當的針＆線 `帆布` `防水布` `尼龍布`

使用厚度超過8號的帆布或較厚的防水材料，就選擇14號針及30號線。使用薄尼龍布時，先進行試縫，若針孔較明顯，就選擇9號針及90號線吧！

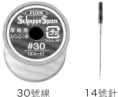

| 30號線 | 14號針 | 90號線 | 9號針 |

不使用珠針 `泰維克®紙` `防水材料` `塑膠布` `帆布` `尼龍布`

泰維克®、塑膠布、尼龍布等會殘留針孔的布料、帆布等過厚導致珠針難以穿入的布料，及薄尼龍布等珠針容易脫落的布料，就使用疏縫固定夾暫時固定吧！

疏縫固定夾

增加滑順度 `塑膠布` `防水布`

塑膠布或防水材料，由於表面會附著在縫紉機或壓布腳，而產生阻塞縫線的情形。為了增加滑順度，可選擇樹脂製的鐵弗龍壓布腳，若在針及布料表面事先塗上矽立康潤滑劑，更能增添滑順度。

鐵弗龍壓布腳

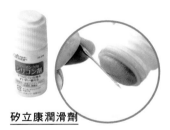

矽立康潤滑劑

鐵弗龍壓布腳

一般壓布腳

〔 **正面朝下車縫時** 〕

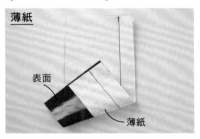

薄紙

表面

薄紙

布料正面比背面更容易沾粘，因此當正面朝下車縫時，事先於布料下方墊上牛皮紙或描圖紙等薄紙，就能增加滑順度。

調整車線鬆緊 `尼龍布`

薄尼龍布容易產生縫線縮皺的情形，因此先於零碼布上試縫，以確認車線鬆緊吧！若縫線縮皺時，就將車線鬆緊稍微調鬆。

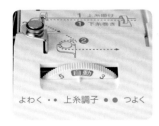

正確的縫線

縮皺的縫線

※車針‧疏縫固定夾‧矽立康潤滑劑 提供／Clover

學會縫口金

若使用口金或彈片口金，
更能增加波奇包的變化性。

〔 **先從方形口金開始挑戰**
扁平口金包 〕

口金初學者就先從方形款式開始挑戰吧！
由於可將角落當成參考，即便是初學者也容易抓到平衡的形狀。
How to make ▷ P.75 (Point Lesson/P.42)

design & make   mini-poche 米田亜里

口金教學

口金種類及部位名稱

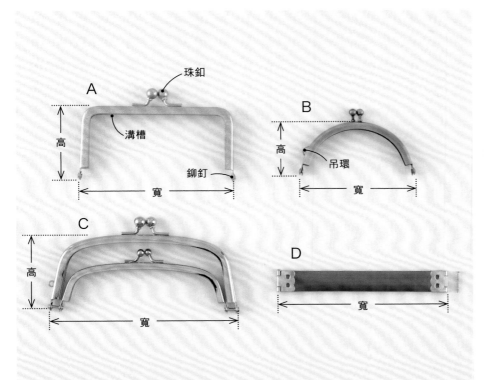

A
珠釦
溝槽
鉚釘
高
寬

B
高
吊環
寬

C
高
寬

D
寬

A　方形口金
B　櫛形（圓形）口金
C　親子口金
D　彈片口金

Memo

附有吊環的口金，吊環在
左後側的位置為正面。

製作口金包需要的工具

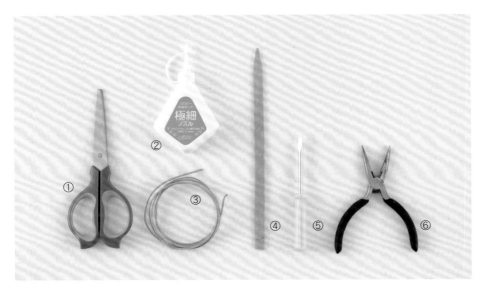

① **剪紙剪刀**
用於裁剪紙繩。

② **黏著劑（手藝用白膠）**
黏合口金及本體。尖嘴款式較容易塗抹口金溝槽。

③ **紙繩**
置入口金溝槽，以固定本體。

④ **抹棒**
用來將黏著劑塗滿溝槽。使用牙籤或竹籤也沒問題。

⑤ **一字起子**
用於將本體或紙繩塞入口金。

⑥ **尖嘴鉗**
閉合口金末端。在閉合時隔著墊布進行吧！

※極細嘴手藝用白膠 提供／Clover

口金的接合方式 Point Lesson

※材料、完成尺寸、裁布圖，及此處之外的作法參照P.75。

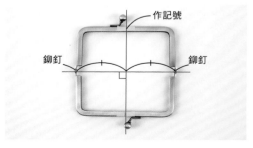

①將鉚釘之間分成2等分，於口金中心作記號。事先於口金內側黏貼紙膠帶，較容易作記號。

②配合口金長度，剪下需要數量的紙繩。

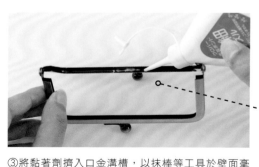

口金　黏著劑

③將黏著劑擠入口金溝槽，以抹棒等工具於壁面毫無間隙地抹開。由於要一次一邊塞入，因此僅於單邊塗上黏著劑。

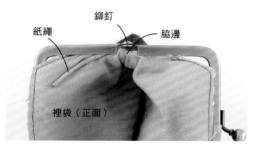

紙繩　鉚釘　脇邊

裡袋（正面）

④在黏著劑乾涸之前，對準脇邊與鉚釘的位置，將本體插入口金中。為避免移動，塞入紙繩壓住末端。

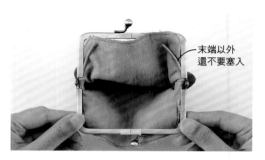

末端以外還不要塞入

⑤相對側的脇邊也以相同方式製作。

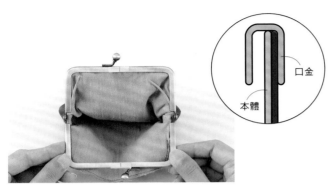

⑥將本體全部插入口金中。對齊口金及本體中心，確認是否對齊左右，本體是否有確實插入口金內側。

⑦對齊紙繩及口金中心，插入紙繩。

⑧從中心及末端朝角落塞入紙繩。紙繩不要塞入口金內部，塞到稍微露出程度的位置。

⑨相對側溝槽也以③至⑧的相同方式塗上黏著劑，塞入本體及紙繩。展開口金，等待黏著劑乾燥。

⑩為避免傷到口金，隔著墊布以尖嘴鉗閉合口金末端的4個位置。

移開墊布的狀態。
將尖嘴鉗前端壓在
口金末端。

⑪口金安裝完成。

center
〔 **親子口金**
旅行波奇包 〕

這款波奇包使用了具雙層口金的親子口金。
由於可整理化妝品或藥品等零散的物品,因此很適合旅行使用。
親子口金就依照子口金→親口金的順序安裝吧!
How to make ▷ P.80

design & make　mini-poche 米田亜里

left

right
提供／罌粟花圖案布料:NESSHOME

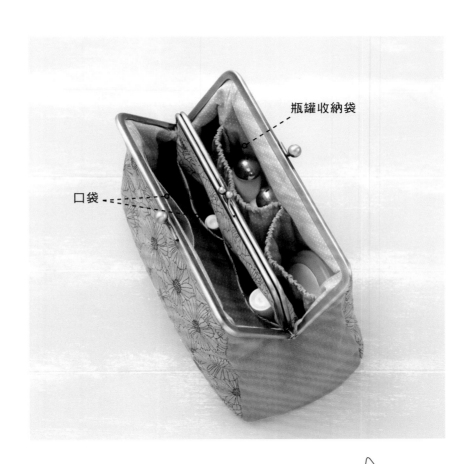

瓶罐收納袋

口袋

波奇包的內側附有口袋
及瓶罐收納袋。由於作
有脇邊側身,因此容量
十足。

熟練了！就以大型口金製作吧！
A5記事本波奇包

若熟練口金製作，就挑戰稍微大一點的尺寸。
可順利收納A5尺寸的手冊或記事本。
在外口袋作有隔層，內側則附有小口袋。
How to make ▷ P.82

design & make　mini-poche 米田亜里

使用彈片口金

〔 票卡夾＋鑰匙包 〕

可大大打開袋口的彈片口金。內側作有可吊掛鑰匙的吊耳。
外側則附有口袋，可放入票卡。且增加了方便的伸縮捲軸。

How to make ▷ P.84

design & make　sewsew 新宮麻里

各式波奇包

各種形式的波奇包。
一起製作方便又可愛的波奇包吧!

〔 口袋方便的
手冊波奇包 〕

將基礎的拉鍊波奇包
變化成適合用來收納手冊的對摺波奇包。
How to make ▷ P.86

design & make komihinata 杉野未央子

若事先在口袋中裝入手冊及
證件，就能夠立即取出。零
散的小物若裝在拉鍊口袋之
中，也能安心收納。

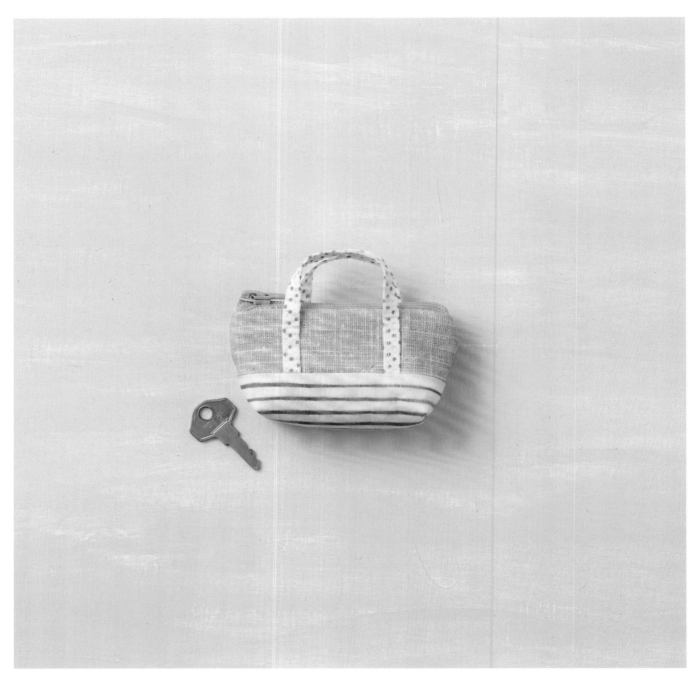

迷你尺寸的托特包形狀
鑰匙包

將拉鍊波奇包裝上提把，作成小巧可愛的托特包風格。
是用來保管容易遺失在包包中的鑰匙，恰到好處的尺寸。
How to make ▷ P.88

design & make　komihinata 杉野未央子

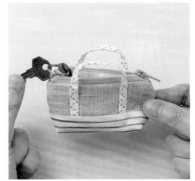

〔 只需車縫直線，簡單又好作！ 〕

大小拼接束口袋

只需備妥布料即可完成，能輕鬆製作的束口袋。
也很適合放入禮品用來送禮。

How to make ▷ P.89

design & make　komihinata 杉野未央子

可捲起收納的
鉤針波奇包

為避免內容物掉落，於上方作有掀蓋，因此能夠讓人放心。
也很推薦作為鉛筆盒或工具波奇包。

How to make ▷ P.90

design & make　mini-poche 米田亜里

尺寸隨布料大小改變
利樂波奇包

雖然作法相同，但僅布料尺寸不同，外觀上就能造成如此差異。
小尺寸可作為波奇包，
大尺寸可使用保溫‧保冷布當作裡布，作成寶特瓶收納套。
How to make ▷ A=P.92 B=P.93

design & make sewsew 新宮麻里

牛奶糖波奇包的應用
貝果波奇包

一旦增加牛奶糖波奇包脇邊的褶數，就會變形成六角形波奇包。
呈現出圓澎澎的可愛形狀。
How to make ▷ P.94

design & make　sewsew　新宮麻里

54

〔 只要夾入耳朵車縫 〕
貓咪束口袋

使用三花貓紋路的布料，充滿玩心的收納袋。
由於只需在脇邊夾入製作成三角形的耳朵車縫，非常簡單。
How to make ▷ P.95

design & make　sewsew 新宮麻里

要事先記住！
波奇包的部位名稱

拉鍊

用於開闔袋口。慣用右手的人，上止位在左側較容易開關。

詳細作法在 ▷ P.8

袋口

物品出入的部分。

表袋

波奇包外側的袋狀部分。車縫前的狀態為「表布」。與裡袋相連時也會以「本體」表示。可使用各種布料製作。為了使其具備硬挺度，因此也會黏貼接著襯。

詳細作法在 ▷ 素材 P.38
接著襯 P.23

脇邊

底

口金

使袋口開闔的金屬零件。口金（蛙口口金）、彈片口金等種類常使用在波奇包製作。

詳細作法在 ▷ P.41

裡袋

接合在收納袋內側的袋子。車縫前的狀態為「裡布」。

詳細作法在 ▷ P.25

側身

波奇包脇邊具有厚度的部分。

袋身

How to Make

〔 關於標示 〕

- 本書的原寸紙型皆含縫份，因此無需另外加上縫份。
- 只需直線就能製作的款式，不一定會附上原寸紙型。
  這種狀況，請參照裁布圖所記載的尺寸，直接在布料
  上畫線或是製作紙型裁布。
- 作法頁中，若無特別標明的數字，單位皆為cm。
- 材料用量以寬×長的順序標示。需注意，若使用圖案
  有方向性的印花布，或需要對花時，則會產生用量不
  同的情形。
- 口金是以寬×高的順序標示。口金尺寸的後方則記載
  品牌名稱。

〔 手縫基礎 〕

挑縫

於後方布料挑針，並從
前方布料內側入針、出
針。重複此步驟。

藏針縫

對接2塊布料山摺線，
交錯挑針進行。從正面
看不見縫線。

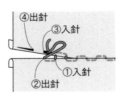

④出針　③入針　①入針　②出針

5款平面波奇包　A 摺三角形　Photo ▷ P.6

完成尺寸
寬21×高15cm

材料
麻　花朵圖案（芥黃色）…23×31.4cm
80square（原色）…23×31.4cm
接著襯…23×31.4cm
長20cm的珠鍊金屬拉鍊…1條

長度

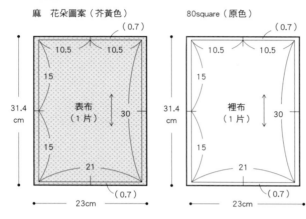

麻　花朵圖案（芥黃色）
（0.7）
10.5　10.5
15
31.4cm
表布（1片）　30
15
21
（0.7）
23cm

80square（原色）
（0.7）
10.5　10.5
15
31.4cm
裡布（1片）　30
15
21
（0.7）
23cm

縫法順序

＊參照 P.10 至 P.12

完成圖

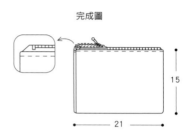

15
21

＊（　）內為縫份。除了指定處之外皆加上 1cm
＊▨ 位置在背面黏貼接著襯

5款平面波奇包　B 摺成直角　Photo ▷ P.6

完成尺寸
寬22×高15cm

材料
麻　花朵圖案（深藍色）…24×31.4cm
80square（原色）…24×31.4cm
接著襯…24×31.4cm
長20cm的珠鍊金屬拉鍊…1條

長度

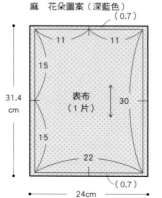

麻　花朵圖案（深藍色）
（0.7）
11　11
15
31.4cm
表布（1片）　30
15
22
（0.7）
24cm

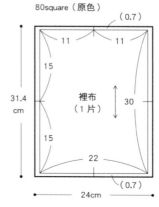

80square（原色）
（0.7）
11　11
15
31.4cm
裡布（1片）　30
15
22
（0.7）
24cm

縫法順序

1 拉鍊的布端處理。

＊參照P.13 - B

↓

＊參照P.10 - ② ～ P.12

完成圖

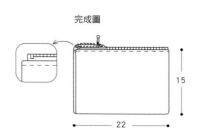

15
22

＊（　）內為縫份。除了指定處之外皆加上 1cm
＊▨ 位置在背面黏貼接著襯

5款平面波奇包　C 往內收入　Photo ▷ P.6

完成尺寸
寬17×高15cm

材料
麻　花朵圖案（水藍色）…19×31.4cm
80square（原色）…19×31.4cm
接著襯…19×31.4cm
長20cm的FLATKNIT®拉錬…1條

長度

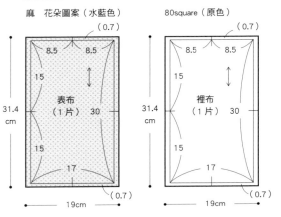

麻　花朵圖案（水藍色）
（0.7）
8.5　8.5
15
31.4 cm　表布（1片）　30
15
17
（0.7）
19cm

80square（原色）
（0.7）
8.5　8.5
15
31.4 cm　裡布（1片）　30
15
17
（0.7）
19cm

＊（　）內為縫份。除了指定處之外皆加上1cm
＊▒▒ 位置在背面黏貼接著襯

縫法順序

1 接合拉錬。

＊參照 P.13 - C

2 剪去多餘拉錬。

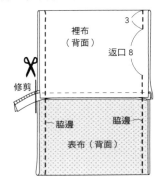

裡布（背面）
3
返口 8
修剪
脇邊　脇邊
表布（背面）

3 翻至正面，閉合返口。

＊參照P.12 - ⑥

完成圖

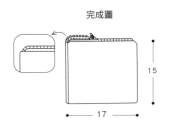

15
17

5款平面波奇包　D 接合配布　Photo ▷ P.6

完成尺寸
寬23×高15cm

材料
麻　花朵圖案（紅色）…25×31.4cm
80square（原色）…25×31.4cm
緞帶（深藍色）…7×5cm
接著襯…25×31.4cm
長20cm的珠錬金屬拉錬…1條

長度

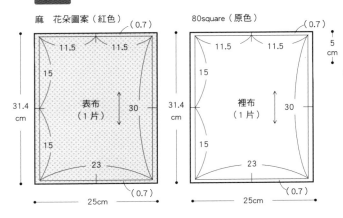

麻　花朵圖案（紅色）
（0.7）
11.5　11.5
15
31.4 cm　表布（1片）　30
15
23
（0.7）
25cm

80square（原色）
（0.7）
11.5　11.5
15
31.4 cm　裡布（1片）　30
15
23
（0.7）
25cm

緞帶（深藍色）
2.5
5 cm　7
（0）
布端布（2片）
7cm

＊（　）內為縫份。除了指定處之外皆加上1cm
＊▒▒ 位置在背面黏貼接著襯

縫法順序

1 於拉錬2端接合布端布。

＊參照 P.14 - D

2 將拉錬暫時固定於表布。

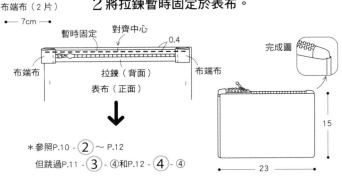

暫時固定　對齊中心
0.4
布端布　布端布
拉錬（背面）
表布（正面）

↓

＊參照P.10 - ② ～ P.12
但跳過P.11 - ③ - ④和P.12 - ④ - ④

完成圖

15
23

5款平面波奇包　E 向外錯開　Photo ▷ P.6

完成尺寸
寬26×高15cm

材料
麻　花朵圖案（木炭色）…28×32cm
80square（原色）…28×32cm
80square（原色）…7.5×9cm
接著襯…28×32cm
長30cm的珠鍊金屬拉鍊…1條

長度

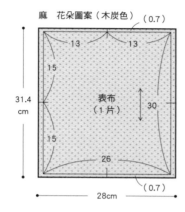

麻　花朵圖案（木炭色）（0.7）
13　13
15
31.4 cm　表布（1片）　30
15
26
（0.7）
28cm

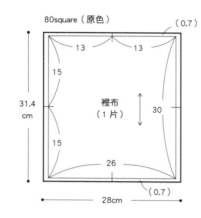

80square（原色）（0.7）
13　13
15
31.4 cm　裡布（1片）　30
15
26
（0.7）
28cm

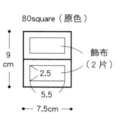

80square（原色）
9 cm
2.5
5.5
7.5cm
飾布（2片）

*（　）內為縫份。除了指定處之外皆加上 1cm
* ▨ 位置在背面黏貼接著襯。

縫法順序

1 接合拉鍊，並車縫脇邊。

＊參照 P.15 - E

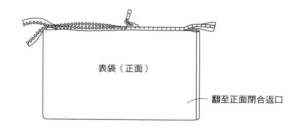

表袋（正面）

翻至正面閉合返口

2 於拉鍊兩端接合飾布。

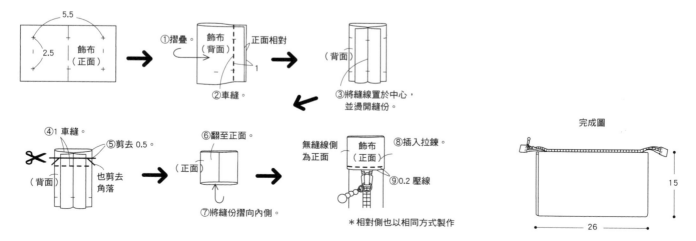

5.5
2.5　飾布（正面）

①摺疊
飾布（背面）　正面相對
②車縫。　1

（背面）
③將縫線置於中心，並燙開縫份。

④1 車縫。
⑤剪去 0.5。
（背面）　也剪去角落

⑥翻至正面。
（正面）
⑦將縫份摺向內側。

無縫線側為正面　飾布（正面）
⑧插入拉鍊。
⑨0.2 壓線

＊相對側也以相同方式製作

完成圖
15
26

牛奶糖波奇包　Photo ▷ P.16

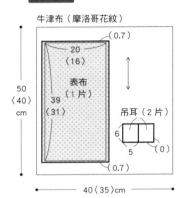

完成尺寸
<大>寬10×高10×側身10cm
<小>寬8×高8×側身8cm

材料
<大>
牛津布（摩洛哥花紋・米灰色）
…40×50cm
棉麻布（米色）…50×50cm
長20cm的金屬拉鍊…1條
接著襯…22×45cm

<小>
牛津布（摩洛哥花紋・鮭魚粉紅色）
…35×40cm
棉麻布（米色）…50×40cm
長16cm的金屬拉鍊…1條
接著襯…18×35cm

裁布圖

牛津布（摩洛哥花紋）

（0.7）
20
〈16〉
表布
（1片）
50
〈40〉
cm
39
〈31〉
（0.7）
40〈35〉cm

吊耳（2片）
6
5　（0）
（0.7）

棉麻布（米色）

（0.7）　4　45°
20
〈16〉
斜布條
（2片）
15
〈12.5〉
裡布
（1片）
50
〈40〉
cm
39
〈31〉
（0）
（0.7）
50cm

*（　）內為縫份。除了指定處之外皆加上1cm
* ▨ 位置在背面黏貼接著襯
*〈　〉內為小的尺寸

縫法順序

1 接合拉鍊。

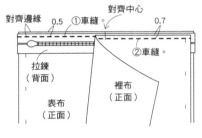

對齊邊緣　0.5　①車縫。　對齊中心
拉鍊（背面）　　②車縫。　0.7
表布（正面）　裡布（正面）

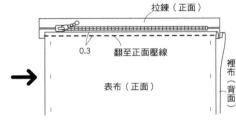

拉鍊（正面）
0.3　翻至正面壓線
表布（正面）
裡布（背面）

＊相對側也以相同方式進行車縫。縫法參照 P.94

2 接合吊耳。

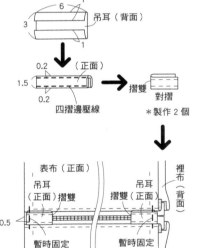

6　1　3
吊耳（背面）

0.2　（正面）　1.5　0.2
四摺邊壓線

摺雙　對摺
＊製作2個

表布（正面）　裡布（背面）
吊耳（正面）摺雙　吊耳　摺雙（正面）
0.5
暫時固定　暫時固定

3 摺疊並車縫脇邊。

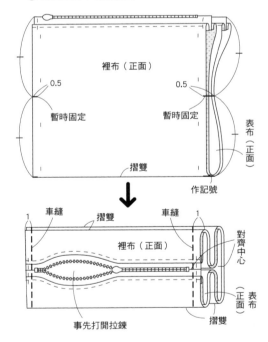

裡布（正面）
0.5　暫時固定　0.5　暫時固定
表布（正面）
摺雙
作記號

1　車縫　摺雙　車縫　1
裡布（正面）
對齊中心
表布（正面）
摺雙
事先打開拉鍊

4 以斜布條包捲布邊。

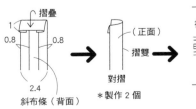

摺疊
1
0.8　0.8
2.4
斜布條（背面）

對摺
＊製作2個

裡布（正面）　1.2
摺雙
0.4
以斜布條夾住壓線

＊相對側也以相同方式進行車縫

5 翻至正面調整形狀。

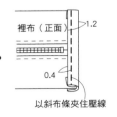

<小>
8　8　8
完成圖
<大>
10　10　10
8　10

圓形波奇包　Photo ▷ P.17

完成尺寸
直徑12×側身4cm（不含提把）

原寸紙型
第1面【A】-1袋身、2拉鍊側身、
3底側身、4內口袋

材料
牛津布（Bird Garden）…40×35cm
棉布（圓點）…80×40cm
接著襯…40×30cm
長20cm的金屬拉鍊…1條
內徑1cm的D形環‧問號鉤…各2個

裁布圖

牛津布（Bird Garden）

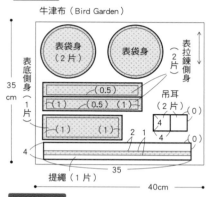

表袋身（2片）　表袋身
表拉鍊側身（2片）
表底側身（1片）
吊耳（2片）
（0.5）（1）（0.5）（1）
（1）（1）
2 1　4　（0）
4　4　（0）
提繩（1片）
35
40cm
35cm

棉布（圓點）

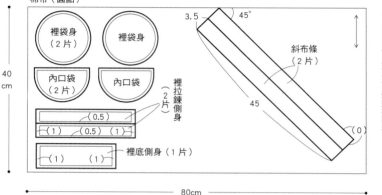

裡袋身（2片）　裡袋身
內口袋（2片）　內口袋
裡拉鍊側身（2片）
（0.5）
（1）（0.5）（1）
（1）（1）
裡底側身（1片）
斜布條（2片）
3.5　45°
45
（0）
40cm
80cm

＊（　）內為縫份。除了指定處之外皆加上0.7cm
＊　位置在背面黏貼接著襯

縫法順序

1 將內口袋接合於1片裡袋身。

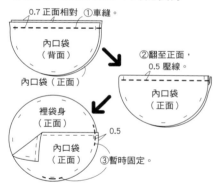

0.7　正面相對　①車縫。
內口袋（背面）
②翻至正面，0.5壓線。
內口袋（正面）
內口袋（正面）
裡袋身（正面）
0.5
內口袋（正面）
③暫時固定。

4 以底側身夾住拉鍊側身，進行車縫。

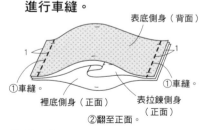

表底側身（背面）
1　1
①車縫。　①車縫。
裡底側身（正面）　表拉鍊側身（正面）
②翻至正面。

8 製作提繩

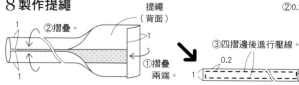

提繩（背面）
②摺疊。
1　1
①摺疊兩端
1　1
③四摺邊後進行壓線。
0.2
1

2 製作拉鍊側身。

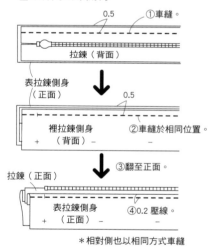

0.5　①車縫。
拉鍊（背面）
表拉鍊側身（正面）
0.5
裡拉鍊側身（背面）
②車縫於相同位置。
+　−
拉鍊（正面）
③翻至正面。
表拉鍊側身（正面）
+　−
④0.2壓線。
＊相對側也以相同方式車縫

5 暫時固定側身四周。

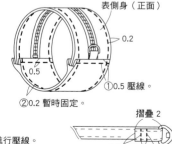

表側身（正面）
0.2
0.5
①0.5壓線。
②0.2暫時固定。

摺疊2
0.5　0.5
④穿入問號鉤，接著進行壓線。
＊相反側也以相同方式車縫

3 接合吊耳。

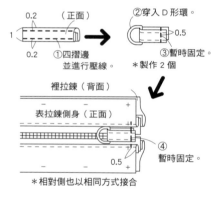

0.2　（正面）　②穿入D形環。
1
0.2　①四摺邊並進行壓線。
0.5
③暫時固定。
＊製作2個
裡拉鍊（背面）
表拉鍊側身（正面）
+　−
④
0.5　暫時固定。
＊相對側也以相同方式接合

6 車縫袋身及側身。
＊作法與 P.66 - 3 相同。
但 ② 的車縫寬度為 0.7cm

7 以斜布條包捲縫份。
＊作法與 P.66 - 4 相同。
但 ① 的車縫寬度為 0.6cm

完成圖

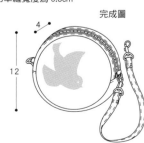

4
12

62

貝殼形波奇包　　Photo ▷ P.18

完成尺寸
寬10×高10×側身4cm

原寸紙型
第1面【B】-1本體

材料
棉布（印花布）…16×26cm
棉布（圓點）…20×26cm
黏著棉襯…14×24cm
長20cm的FLATKNIT®拉鍊…1條

裁布圖

棉布（印花布）

表布（1片）

26cm

16cm

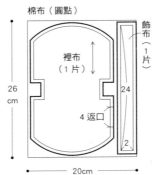

棉布（圓點）

裡布（1片）

26cm

20cm

飾布（1片）

24

4 返口

2

＊加上 0.7cm 縫份

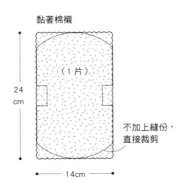

黏著棉襯

（1片）

24cm

14cm

不加上縫份，
直接裁剪

縫法順序

1 在表布接合飾布。

飾布（正面）

表布（正面）

飾布（背面）

②摺疊。

2

0.2　0.2

②壓線。　對齊中心

**2 於表布背面
黏貼黏著棉襯。**

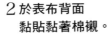

黏著棉襯

表布（背面）

3 接合拉鍊。

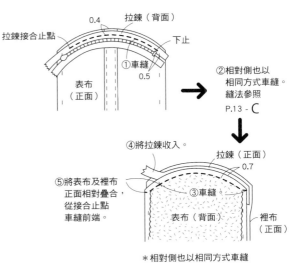

0.4　拉鍊（背面）

拉鍊接合止點　下止

①車縫　0.5

表布（正面）

②相對側也以
相同方式車縫。
縫法參照
P.13 - C

④將拉鍊收入。

拉鍊（正面）

0.7

⑤將表布及裡布
正面相對疊合，
從接合止點
車縫前端

③車縫

表布（背面）　裡布（正面）

＊相對側也以相同方式車縫

4 車縫脇邊。

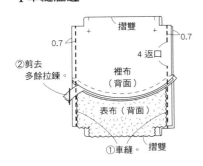

摺雙

0.7　0.7

4 返口

②剪去
多餘拉鍊。

裡布（背面）

表布（背面）

①車縫。　摺雙

5 車縫側身。

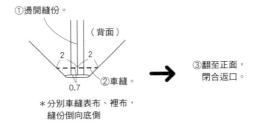

①燙開縫份。

（背面）

2　2

0.7

②車縫。

③翻至正面，
閉合返口。

＊分別車縫表布、裡布，
縫份倒向底側

完成圖

10

10　4

眼鏡包AB　Photo ▷ P.20

完成尺寸
約寬20×高10×側身7.6cm
（不含提把）

原寸紙型
第1面【D】-1本體

材料
<A附提把款>
Tana Lawn（Liberty Print）
…30×25cm
寬1.7cm的羅紋緞帶…38cm
直徑1.3cm的四合釦…2組
<B提繩款>
帆布（直條紋）…30×25cm

<AB共用>＊1個的用量
被單布（米色）…25×25cm
黏著棉襯…50×25cm
長80cm的自由配拉錬…1條
拉頭…1個
直徑0.2cm的蠟繩…20cm
直徑1.4cm的大孔珠…1個

裁布圖

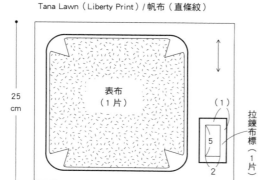

Tana Lawn（Liberty Print）/ 帆布（直條紋）

表布
（1片）

25cm

30cm

（1）
5
2
拉錬布標
（1片）

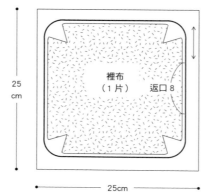

被單布（米色）

裡布
（1片）　返口8

25cm

25cm

＊（　）內為縫份。除了指定處之外
　皆加上 0.5cm
＊▭ 位置在背面黏貼接著襯

縫法順序

1 車縫表布及裡布褶襉。

車縫褶襉，倒向外側

車縫褶襉，
倒向內側

表布
（背面）

裡布
（背面）

2 製作提把 <僅 A 附提把款>

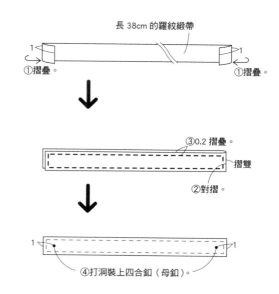

長 38cm 的羅紋緞帶

1　　　　　　　　　　　　　　1
①摺疊。　　　　　　　　　　①摺疊。

③0.2 摺疊。
②對摺。
摺雙

1　　　　　　　　　　　　　1
④打洞裝上四合釦（母釦）。

64

3 接合拉鍊。

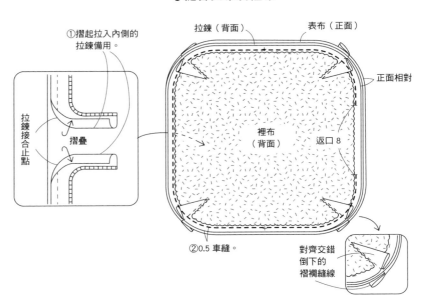

接合拉鍊　0.2　暫時固定
拉鍊（背面）
拉鍊接合止點
5
5
表布（正面）

4 縫合表布及裡布。

①摺起拉入內側的拉鍊備用。
拉鍊接合止點
摺疊

拉鍊（背面）　表布（正面）
正面相對
裡布（背面）
返口 8
②0.5 車縫。
對齊交錯倒下的褶襇縫線

5 翻至正面車縫四周。

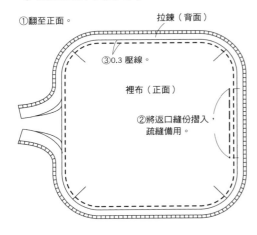

①翻至正面。　拉鍊（背面）
③0.3 壓線。
裡布（正面）
②將返口縫份摺入疏縫備用。

6 安裝四合釦＜僅 A 附提把款＞

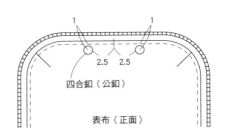

1　　　1
2.5　2.5
四合釦（公釦）
表布（正面）

完成圖

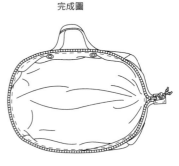

7 裝上拉鍊布標、拉頭裝飾。

〈拉鍊布標〉

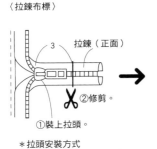

3　拉鍊（正面）
②修剪。
①裝上拉頭。
＊拉頭安裝方式
　請參照 P.9 的自由拼接拉鍊。

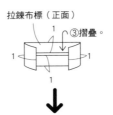

拉鍊布標（正面）
1　③摺疊。
1　　　1
1

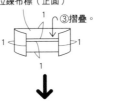

⑤對摺夾住。
④拔除包入內側的錬齒，參照 P.9。

拉鍊（正面）　⑥0.3 壓線。
摺雙

〈拉頭裝飾〉

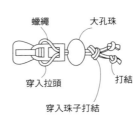

蠟繩　大孔珠
穿入拉頭
打結
穿入珠子打結

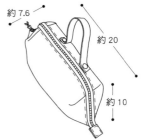

約 7.6
約 20
約 10

零錢包　Photo ▷ P.19

完成尺寸
直徑8×側身1.4cm

原寸紙型
第1面【C】-1袋身、2底側身

材料
棉麻布（格紋）…22×18cm
棉麻布（米色）…22×18cm
接著襯…22×18cm
寬12.7mm的對摺斜布條…60cm
長12cm的金屬拉鍊…1條

裁布圖

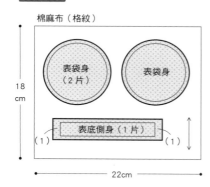
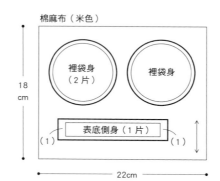

棉麻布（格紋）
18cm
表袋身（2片）
表袋身
表底側身（1片）
（1）　（1）
22cm

棉麻布（米色）
18cm
裡袋身（2片）
裡袋身
表底側身（1片）
（1）　（1）
22cm

＊（　）內為縫份。除了指定處之外皆加上0.5cm。
＊ 位置在背面黏貼接著襯。

縫法順序

1 以底側身夾入拉鍊進行車縫。

表底側身（背面）
對齊邊緣
1　1
①車縫。　①車縫。
裡底側身（正面）　拉鍊（正面）
②翻至正面。

2 暫時固定底側身末端。

拉鍊（正面）
0.5
②0.2 暫時固定。
0.2
①0.5 壓線。
裡底側身（正面）　表底側身（正面）

3 車縫袋身及側身。

裡袋身（背面）
背面相向
表袋身（正面）
0.2
①縫合表袋身及裡袋身。
＊以相同方式再作1片

事先打開拉鍊
裡袋身（正面）
0.5
0.5
②車縫
②車縫　裡底側身（正面）
＊先疏縫之後，較容易進行車縫。

4 以斜布條包捲縫份。

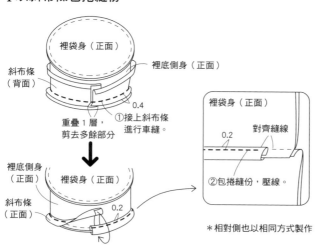

裡袋身（正面）
斜布條（背面）　裡底側身（正面）
0.4
重疊1層，剪去多餘部分。
①接上斜布條進行車縫。
裡底側身（正面）
裡袋身（正面）
斜布條（正面）
0.2

裡袋身（正面）
0.2　對齊縫線
②包捲縫份，壓線。
＊相對側也以相同方式製作

5 翻至正面，調整形狀。

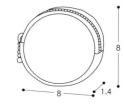

完成圖
8
8　1.4

方形波奇包　Ａ無接著襯、Ｂ有接著襯、Ｃ黏著棉襯　Photo ▷ P.22

完成尺寸（相同）

寬17×高16cm

作法（除了接著襯及黏著棉襯以外，ABC相同）

麻布（花朵圖案）…19×33.4cm
80square（淺黃色）…19×33.4cm
長16cm的珠鍊金屬拉鍊…1條

＜Ｂ有接著襯＞
接著襯…19×33.4cm
＜Ｃ有黏著棉襯＞
黏著棉襯…19×33.4cm

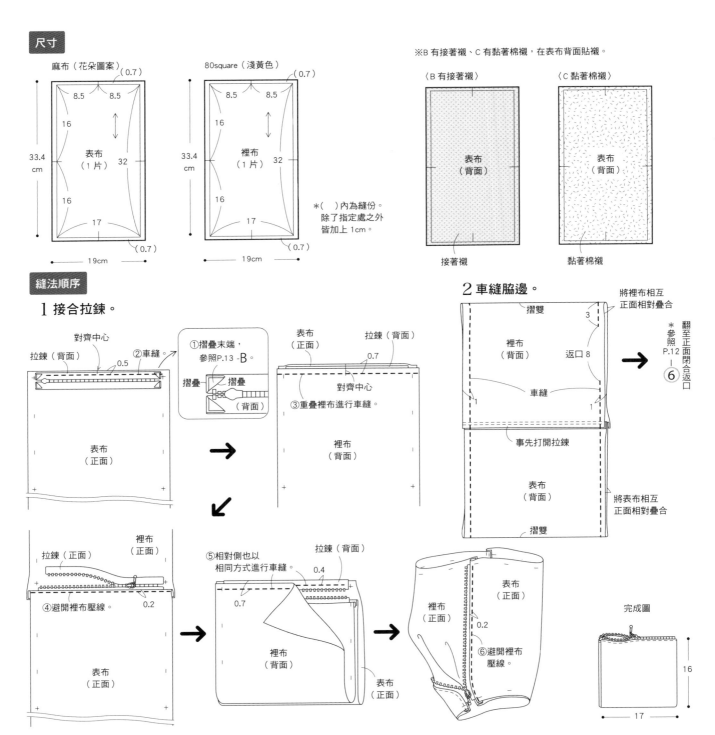

尺寸

麻布（花朵圖案）（0.7）
8.5　8.5
16
33.4 cm　表布（1片）　32
16
17
（0.7）
19cm

80square（淺黃色）（0.7）
8.5　8.5
16
33.4 cm　裡布（1片）　32
16
17
（0.7）
19cm

*（　）內為縫份。
除了指定處之外
皆加上1cm。

※Ｂ有接著襯、Ｃ有黏著棉襯，在表布背面貼上。

〈Ｂ有接著襯〉
表布（背面）
接著襯

〈Ｃ黏著棉襯〉
表布（背面）
黏著棉襯

縫法順序

1 接合拉鍊。

對齊中心
拉鍊（背面）　②車縫　0.5
表布（正面）

①摺疊末端，參照P.13-B。
摺疊　摺疊
（背面）

表布（正面）　拉鍊（背面）
0.7
對齊中心
③重疊裡布進行車縫。
裡布（背面）

拉鍊（正面）　裡布（正面）
④避開裡布壓線。　0.2
表布（正面）

⑤相對側也以相同方式進行車縫。
0.7　0.4
拉鍊（背面）
裡布（背面）
表布（正面）

裡布（正面）　表布（正面）
0.2
⑥避開裡布壓線。

2 車縫脇邊。

摺雙　3
裡布（背面）　返口8
車縫
事先打開拉鍊
表布（背面）
摺雙

將裡布相互正面相對疊合
*參照 P.12 ⑥
翻至正面閉合返口
將表布相互正面相對疊合

完成圖
16
17

67

拉鍊波奇包A 藏針縫　Photo ▷ P.24

完成尺寸
寬21×高13cm

材料
斜紋布（直條紋）…23×28cm
80square（淺黃色）…23×28cm
接著襯…23×28cm
長20cm的珠鍊金屬拉鍊…1條

長度

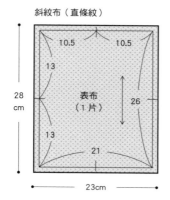

斜紋布（直條紋）

10.5　10.5
13
28 cm　表布（1片）　26
13
21

23cm

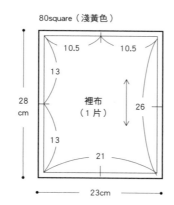

80square（淺黃色）

10.5　10.5
13
28 cm　裡布（1片）　26
13
21

23cm

＊加上 1cm 縫份
＊▨ 位置在背面黏貼接著襯

縫法順序

1 接合拉鍊。

表布（背面）

①摺疊縫份。

→

拉鍊（正面）
對齊中心
0.5　②0.2 壓線。
表布（正面）

↓

表布（正面）
摺雙
0.2
③相對側也以相同方式車縫。
摺雙

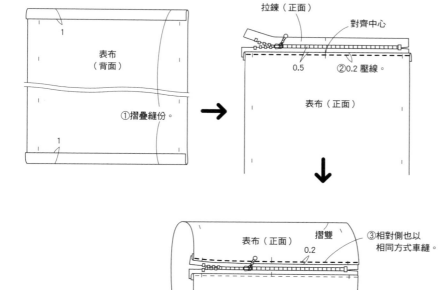

2 車縫脇邊。

事先打開拉鍊
1　表布（背面）　1
車縫　車縫
正面相對
摺雙

↓

表布（背面）
縫份倒向後側

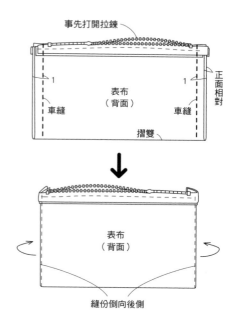

68

3 製作裡袋。

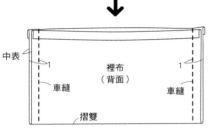

裡布
（背面）

1

摺疊縫份

中表

車縫　　　　車縫

摺雙

裡布
（背面）

4 將表袋與裡袋背面相對疊合，
於拉鍊挑縫接合裡袋。

＊參照 P.25、P.57

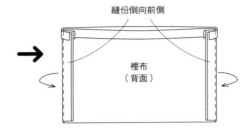

縫份倒向前側

裡布
（背面）

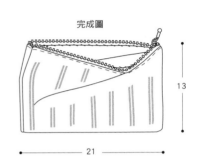

完成圖

13

21

拉鍊波奇包 B車縫　Photo ▷ P.24

完成尺寸

寬21×高13cm

材料

斜紋布（直條紋）…23×27.4cm
80square（水藍色）…23×27.4cm
接著襯…23×27.4cm
長20cm的珠鍊金屬拉鍊…1條

長度

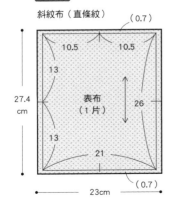

斜紋布（直條紋）　　（0.7）

10.5　　10.5

13

27.4
cm

表布
（1片）

26

13

21

（0.7）

23cm

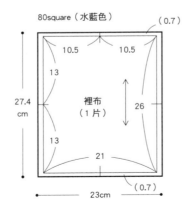

80square（水藍色）　　（0.7）

10.5　　10.5

13

27.4
cm

裡布
（1片）

26

13

21

（0.7）

23cm

＊（　）內為縫份。除了指定處之外皆加上 1cm。
＊ ▨ 位置在背面黏貼接著襯

縫法順序

接合裡布的方式

＊參照 P.10～P.12

完成圖

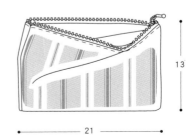

13

21

連接側身波奇包 **A滾邊處理** Photo ▷ P.26

完成尺寸
寬18×高14×側身6cm

原寸紙型
第1面【E】-1袋身

材料
亞麻布（雞蛋黃色）…45×35cm
立體圓點緹花布（綠色）…70×35cm
棉布（格紋gingham check）
…65×20cm

接著襯…45×35cm
長30cm的FLATKNIT®拉鍊…1條
繡線（金色）…適量

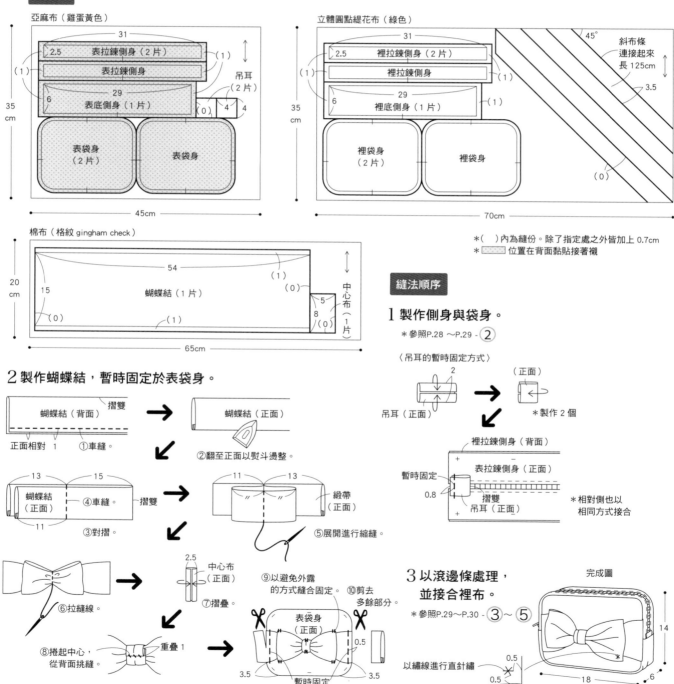

裁布圖

亞麻布（雞蛋黃色）

- 表拉鍊側身（2片） 2.5
- 表拉鍊側身
- 表底側身（1片） 29 / 6
- 吊耳（2片） 4 4
- 表袋身（2片）
- 表袋身
- 31 / 35cm / 45cm / (1) / (0)

立體圓點緹花布（綠色）

- 裡拉鍊側身（2片） 2.5
- 裡拉鍊側身
- 裡底側身（1片） 29 / 6
- 裡袋身（2片）
- 裡袋身
- 31 / 35cm / 70cm / (1) / (0)
- 斜布條 連接起來 長125cm / 45° / 3.5

棉布（格紋 gingham check）

- 蝴蝶結（1片） 54 / 15 / 20cm / 65cm / (1) / (0)
- 中心布（1片） 5 / 8 / (0)

*（ ）內為縫份。除了指定處之外皆加上 0.7cm
* 位置在背面黏貼接著襯

縫法順序

1 製作側身與袋身。
* 參照P.28～P.29 - ②

〈吊耳的暫時固定方式〉
吊耳（正面） → （正面） *製作 2 個

裡拉鍊側身（背面）
表拉鍊側身（正面）
暫時固定 0.8
摺雙
吊耳（正面）
*相對側也以相同方式接合

2 製作蝴蝶結，暫時固定於表袋身。

蝴蝶結（背面） 摺雙
正面相對 1 ①車縫。
→ 蝴蝶結（正面） ②翻至正面以熨斗燙整。

13 15
蝴蝶結（正面） ④車縫。 摺雙
11 ③對摺。
→ 11 13 緞帶（正面） ⑤展開進行縮縫。

⑥拉縫線。
→ 2.5 中心布（正面） ⑦摺疊。

⑧捲起中心，從背面挑縫。 重疊1
→ ⑨以避免外露的方式縫合固定。 ⑩剪去多餘部分。
表袋身（正面）
3.5 暫時固定 3.5 0.5

3 以滾邊條處理，並接合裡布。
* 參照P.29～P.30 - ③～⑤

完成圖
表袋身（正面）
以繡線進行直針繡
0.5 / 0.5
14 / 18 / 6

連接側身波奇包 B翻摺　Photo ▷ P.26

完成尺寸（相同）
寬18×高14×側身6cm

原寸紙型
第1面【E】-1袋身

材料
家飾布（摩洛哥圖案）…45×30cm
尼龍牛津布（灰色）…45×35cm
合成皮（胭脂紅色）…45×15cm
接著襯…45×30cm

長30cm的No.4尺寸手藝用金屬拉鍊
…1條
直徑0.8×高1.3cm的流蘇用固定零件
…1個

裁布圖

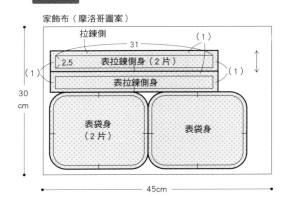

家飾布（摩洛哥圖案）

拉鍊側
31　（1）
2.5　表拉鍊側身（2片）　（1）
表拉鍊側身
（1）
30cm

表袋身（2片）　表袋身

45cm

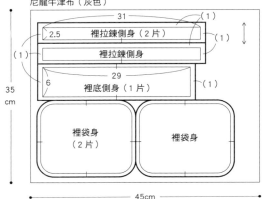

尼龍牛津布（灰色）
31　（1）
2.5　裡拉鍊側身（2片）　（1）
裡拉鍊側身
（1）
29
6　裡底側身（1片）　（1）
35cm

裡袋身（2片）　裡袋身

45cm

*（　）內為縫份。除了指定處之外皆加上 0.7cm。
* ▨ 位置在背面黏貼接著襯。

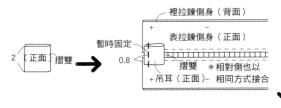

合成皮革（胭脂紅色）
吊耳（2片）　4　8.5
（0）　2　（0）
15cm
6　29　流蘇（1片）　10
表底側身（1片）（1）
（1）
45cm

縫法順序

1 製作拉鍊側身。

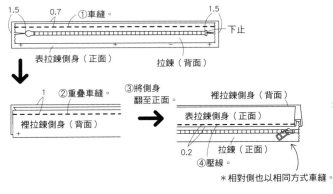

1.5　0.7　①車縫。　1.5
下止
表拉鍊側身（正面）　拉鍊（背面）

1　②重疊車縫。　③將側身翻至正面　裡拉鍊側身（背面）
裡拉鍊側身（背面）　表拉鍊側身（正面）
0.2　拉鍊（正面）
④壓線
*相對側也以相同方式車縫。

2 夾入吊耳，與底側身縫合。

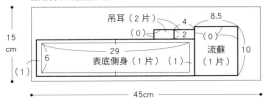

裡拉鍊側身（背面）
暫時固定　表拉鍊側身（正面）
2（正面）摺雙　0.8　摺雙　*相對側也以
吊耳（正面）　相同方式接合
* 參照P.28～P.29-②

3 車縫袋身及側身，以翻摺的方式接合裡布。
* 參照P.31～P.33 -②～④

4 製作流蘇。

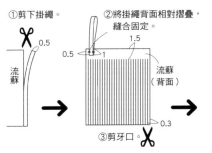

①剪下掛繩。
0.5
流蘇

②將掛繩背面相對摺疊，縫合固定。
1.5
0.5　1
流蘇（背面）
③剪牙口。　0.3

④塗上黏著劑，背面相對捲起。
流蘇（背面）

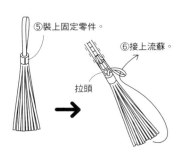

⑤裝上固定零件。
⑥接上流蘇。
拉頭

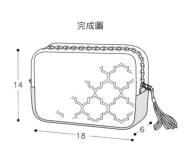

完成圖
14
18　6

71

帆布波奇包　Photo ▷ P.34

完成尺寸
寬15×高13.5×側身3cm

材料
弱撥水8號帆布（彈珠汽水色）…20×35cm
長20cm的FLATKNIT®拉鍊…1條
直徑1.5cm的星型熨燙黏著爪釘…8個

裁布圖

弱撥水8號帆布（彈珠汽水色）

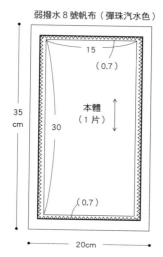

35 cm

15
（0.7）

本體
（1片）

30

（0.7）

20cm

＊（　）內為縫份。除了指定處
之外皆加上1cm。
＊〰〰 位置在縫份車縫
Z字形車邊。

縫法順序

1 接合拉鍊。

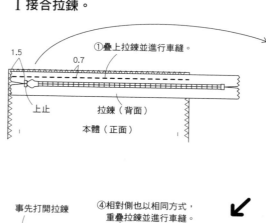

①疊上拉鍊並進行車縫。
1.5
0.7
上止　　拉鍊（背面）
本體（正面）

②將縫合上的拉鍊末端線
向上翻摺，縫合固定。
拉鍊（背面）
本體（正面）
③翻至正面壓線。
0.2
本體（正面）

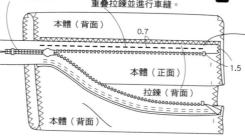

事先打開拉鍊
④相對側也以相同方式，
重疊拉鍊並進行車縫。
本體（背面）
0.7
本體（正面）
拉鍊（背面）
1.5
本體（背面）

相對側也以②、③的
相同方式車縫
0.2壓線
本體（正面）

2 車縫脇邊。

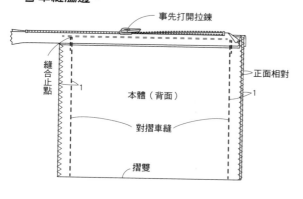

事先打開拉鍊
縫合止點
1
本體（背面）
正面相對
1
對摺車縫
摺雙

3 車縫側身。

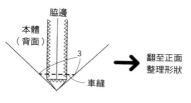

脇邊
本體（背面）
3
車縫
翻至正面
整理形狀

4 裝上爪釘。

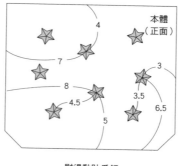

本體（正面）
4
7
3
8
4.5
3.5
6.5
5

熨燙黏貼爪釘

完成圖

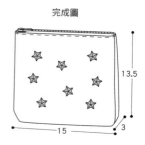

13.5
15
3

泰維克波奇包　Photo ▷ P.35

完成尺寸（不含提把）
寬15×高13.5×側身3cm

材料
硬式泰維克®（白色）…20×35cm
長20cm的FLATKNIT®拉鍊…1條
直徑1.5cm的人字織帶（紅色）…40cm
直徑1.3cm的四合釦…1組

裁布圖

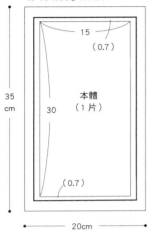

硬式泰維克®（白色）

15
（0.7）

35
cm

本體
（1片）

30

（0.7）

20cm

*（　）內為縫份。除了指定處之外
皆加上1cm。

縫法順序

1 接合拉鍊。

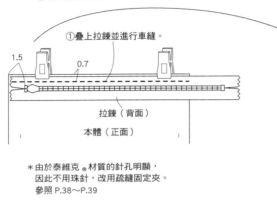

①疊上拉鍊並進行車縫。

1.5　0.7

拉鍊（背面）

本體（正面）

＊由於泰維克®材質的針孔明顯，
因此不用珠針，改用疏縫固定夾。
參照 P.38～P.39

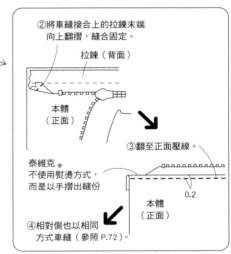

②將車縫接合上的拉鍊末端
向上翻摺，縫合固定。

拉鍊（背面）

本體（正面）

泰維克®
不使用熨燙方式，
而是以手摺出縫份

③翻至正面壓線。

0.2

本體（正面）

④相對側也以相同
方式車縫（參照P.72）。

---

2 暫時固定提把及吊耳。

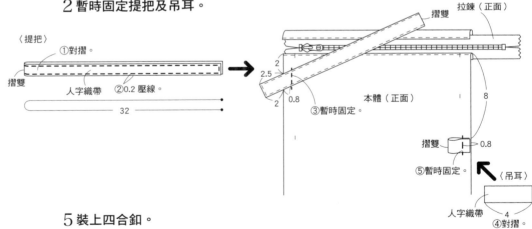

〈提把〉
①對摺。

摺雙

人字織帶　②0.2 壓線。

32

拉鍊（正面）
摺雙

2
2.5
2　0.8
③暫時固定。

本體（正面）

8

摺雙　0.8
⑤暫時固定。

〈吊耳〉
人字織帶　4
④對摺。

---

3 車縫脇邊。＊參照 P.72
4 車縫側身。＊參照 P.72

5 裝上四合釦。

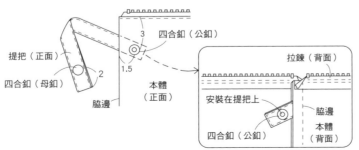

提把（正面）

四合釦（母釦）

脇邊

四合釦（公釦）
3
1.5
2
本體（正面）

安裝在提把上

四合釦（公釦）

拉鍊（背面）

脇邊
本體（背面）

完成圖

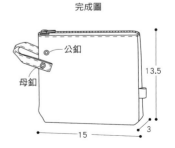

公釦

母釦

13.5

15　3

塑膠波奇包　Photo ▷ P.35

完成尺寸
寬15×高13.5×側身3cm

材料
厚0.3cm的塑膠布…20×30cm
Loralie雙色直條紋（綠色＆粉紅色）…45×15cm
接著襯…40×10cm
長20cm的透明拉鍊…1條
寬0.5cm的亮面緞帶…44cm

裁布圖

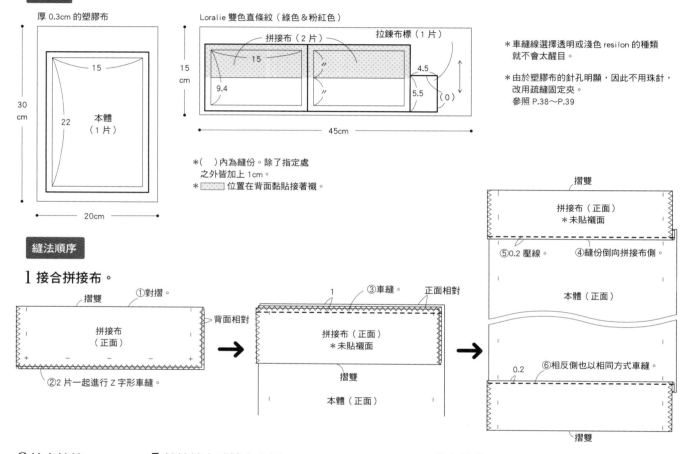

厚 0.3cm 的塑膠布

15
22
本體（1片）
30cm
20cm

Loralie 雙色直條紋（綠色＆粉紅色）

拼接布（2片）　　拉鍊布標（1片）
15
9.4
15 cm
4.5
5.5
（0）
45cm

＊車縫線選擇透明或淺色 resilon 的種類
　就不會太醒目。

＊由於塑膠布的針孔明顯，因此不用珠針，
　改用疏縫固定夾。
　參照 P.38～P.39

＊（　）內為縫份。除了指定處
　之外皆加上 1cm。
＊▨ 位置在背面黏貼接著襯。

縫法順序

1 接合拼接布。

摺雙　①對摺。
拼接布（正面）
②2片一起進行 Z 字形車縫。
背面相對

③車縫。　正面相對
1
拼接布（正面）
＊未貼襯面
摺雙
本體（正面）

摺雙
拼接布（正面）
＊未貼襯面
⑤0.2 壓線。　④縫份倒向拼接布側。
本體（正面）
0.2　⑥相反側也以相同方式車縫。
摺雙

2 接合拉鍊。
＊參照 P.72

3 車縫脇邊。
＊參照 P.72

4 車縫側身。
＊參照 P.72

5 於拉鍊末端接合布標。

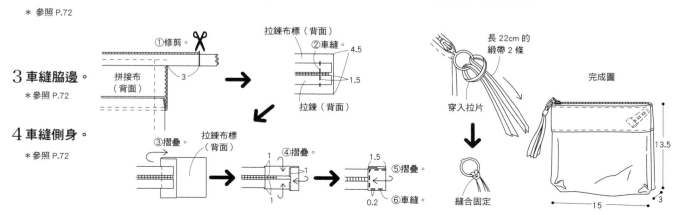

①修剪。
拼接布（背面）
3

拉鍊布標（背面）
②車縫　4.5
1.5
拉鍊（背面）

③摺疊。
拉鍊布標（背面）
④摺疊。
1
1
⑤摺疊。
1.5
0.2　⑥車縫。

6 在拉片綁上緞帶。

長 22cm 的
緞帶 2 條
穿入拉片
縫合固定

完成圖
13.5
15
3

扁平口金包 Photo ▷ P.40

完成尺寸
寬14×高9cm（含珠釦）

原寸紙型
第2面【G】-1本體

材料
亞麻布（紅色）…20×25cm
棉布（圓點）…20×25cm
接著襯…40×25cm
口金（寬10.5×高5.4cm　角田商店/F22　ATS）…1個
紙繩…適量

裁布圖

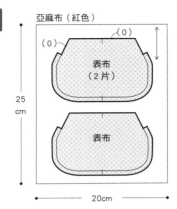

亞麻布（紅色）
（0）　（0）
表布（2片）
表布
25cm
20cm

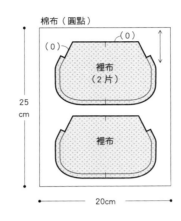

棉布（圓點）
（0）　（0）
裡布（2片）
裡布
25cm
20cm

*（　）內為縫份。除了指定處之外皆加上0.7cm。
* ░░░ 位置在背面黏貼接著襯。

縫法順序

1 製作表袋及裡袋。

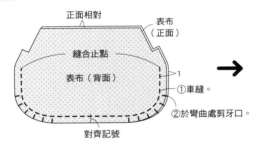

正面相對
縫合止點
表布（背面）
表布（正面）
①車縫。
②於彎曲處剪牙口。
對齊記號
1

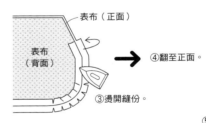

表布（正面）
表布（背面）
③燙開縫份。
④翻至正面。

裡布（正面）
裡布（背面）
⑤裡布也以相同方式車縫，製作裡袋。但裡袋無需翻回正面。

2 將表袋及裡袋正面相對，車縫脇邊。

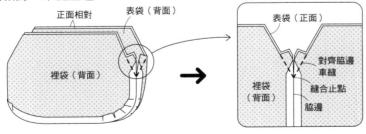

正面相對
表袋（背面）
裡袋（背面）

表袋（正面）
對齊脇邊
車縫
縫合止點
脇邊
裡袋（背面）

3 翻至正面車縫袋口。

②0.2壓線。
①從袋口翻至正面。
裡袋（正面）
表袋（正面）

4 裝上口金。

*口金安裝方式參照 P.42～P.43

完成圖

9
14

隔間波奇包　Photo ▷ P.36

完成尺寸

寬19.5×高12cm（不含提把）

材料

消光防水布（Liberty Print）…90×30cm
府綢布（灰色）…70×20cm
長30cm的FLATKNIT®拉鍊…1條
真皮波奇包用提把（INAZUMA/BS-1526A）…1條
內徑1.3cm的D形環…1個

裁布圖

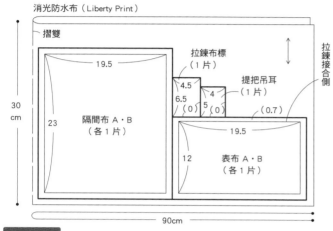

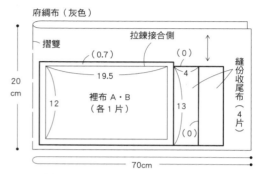

＊由於防水材料的針孔明顯，因此不使用珠針，
　改以疏縫固定夾製作。
　參照 P.38～P.39
＊（ ）內為縫份。除了指定處之外皆加上 1cm。

縫法順序

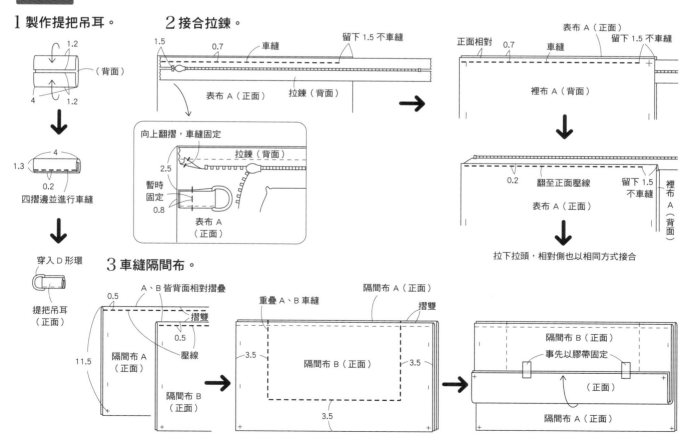

1 製作提把吊耳。

2 接合拉鍊。

3 車縫隔間布。

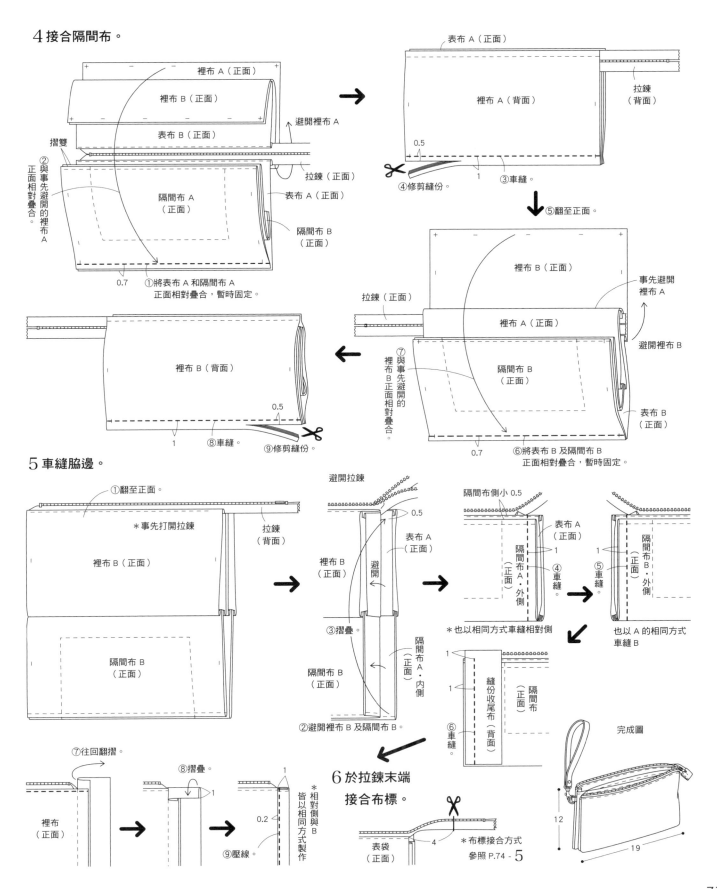

4 接合隔間布。

裡布 A（正面）

裡布 B（正面）

表布 B（正面）

↑ 避開裡布 A

摺雙

② 與事先避開的裡布 A 正面相對疊合。

隔間布 A（正面）

拉鍊（正面）

表布 A（正面）

隔間布 B（正面）

0.7 ①將表布 A 和隔間布 A 正面相對疊合，暫時固定。

表布 A（正面）

裡布 A（背面）

拉鍊（背面）

0.5

④修剪縫份。

1 ③車縫。

⑤翻至正面。

裡布 B（正面）

拉鍊（正面）

裡布 A（正面）

事先避開裡布 A

避開裡布 B

隔間布 B（正面）

表布 B（正面）

⑦與事先避開的裡布 B 正面相對疊合。

0.7 ⑥將表布 B 及隔間布 B 正面相對疊合，暫時固定。

裡布 B（背面）

0.5

1 ⑧車縫。 ⑨修剪縫份。

5 車縫脇邊。

①翻至正面。

＊事先打開拉鍊

拉鍊（背面）

裡布 B（正面）

隔間布 B（正面）

避開拉鍊

0.5

表布 A（正面）

裡布 B（正面）

避開

③摺疊。

隔間布 B（正面）

隔間布 A・內側

②避開裡布 B 及隔間布 B。

隔間布側小 0.5

表布 A（正面）

1

隔間布 A・外側

④車縫。

隔間布 B（正面）

＊也以相同方式車縫相對側

1

表布 A（正面）

隔間布 B・外側

⑤車縫。

也以 A 的相同方式車縫 B

1

1

縫份收尾布（背面）

隔間布（正面）

⑥車縫。

⑦往回翻摺。

裡布（正面）

⑧摺疊。

1

0.2

⑨壓線。

1

＊相對側與 B 皆以相同方式製作

6 於拉鍊末端 接合布標。

表袋（正面）

4

＊布標接合方式 參照 P.74 - 5

完成圖

12

19

化妝包　Photo ▷ P.37

完成尺寸
寬15×高11.3×側身7cm

原寸紙型
第1面【F】-1本體、2襠片

材料
防水布（印花）…80×20cm
尼龍布（米色）…110cm寬×25cm
長40cm的雙頭環狀拉鍊…1條
寬1.1cm的斜布滾邊條…35cm×2條
4槽平面鬆緊帶…20cm
寬0.3cm的雙面膠…適量

裁布圖

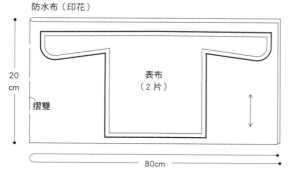

防水布（印花）

表布
（2片）

20 cm

摺雙

80cm

＊由於防水材質的針孔明顯，因此不使用珠針，
　改以疏縫固定夾製作。
　參照 P.38～P.39
＊（　）內為縫份。除了指定處之外皆加上 0.7cm

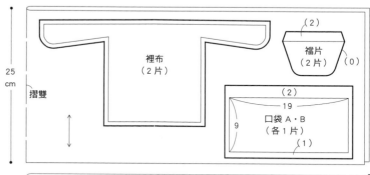

尼龍布（米色）

裡布
（2片）

襠片
（2片）（0）
（2）

25 cm

摺雙

口袋 A・B
（各1片）
19
9
（1）
（2）

110cm 幅

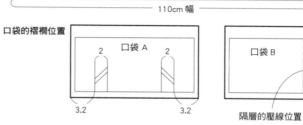

口袋的褶襇位置

口袋 A
2　　2
3.2　　3.2

口袋 B
2　　2
2.5　1.2

隔層的壓線位置

縫法順序

1 製作口袋並接合於裡布。

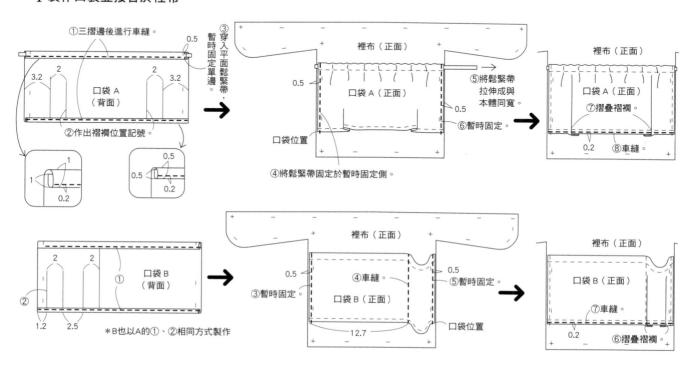

①三摺邊後進行車縫。
0.5
③穿入平面鬆緊帶，暫時固定單邊。
3.2　2
口袋 A（背面）
2　3.2
②作出褶襇位置記號。

1
1
0.2

0.5
0.5
0.2

裡布（正面）
0.5
口袋 A（正面）
口袋位置
④將鬆緊帶固定於暫時固定側。

⑤將鬆緊帶拉伸成與本體同寬。
0.5
⑥暫時固定。

裡布（正面）
口袋 A（正面）
⑦摺疊褶襇
0.2
⑧車縫。

2　2
口袋 B（背面）
①
②
1.2　2.5
＊B也以A的①、②相同方式製作

裡布（正面）
0.5
③暫時固定。
④車縫。
口袋 B（正面）
0.5
⑤暫時固定。
12.7
口袋位置

裡布（正面）
口袋 B（正面）
⑦車縫。
0.2
⑥摺疊褶襇。

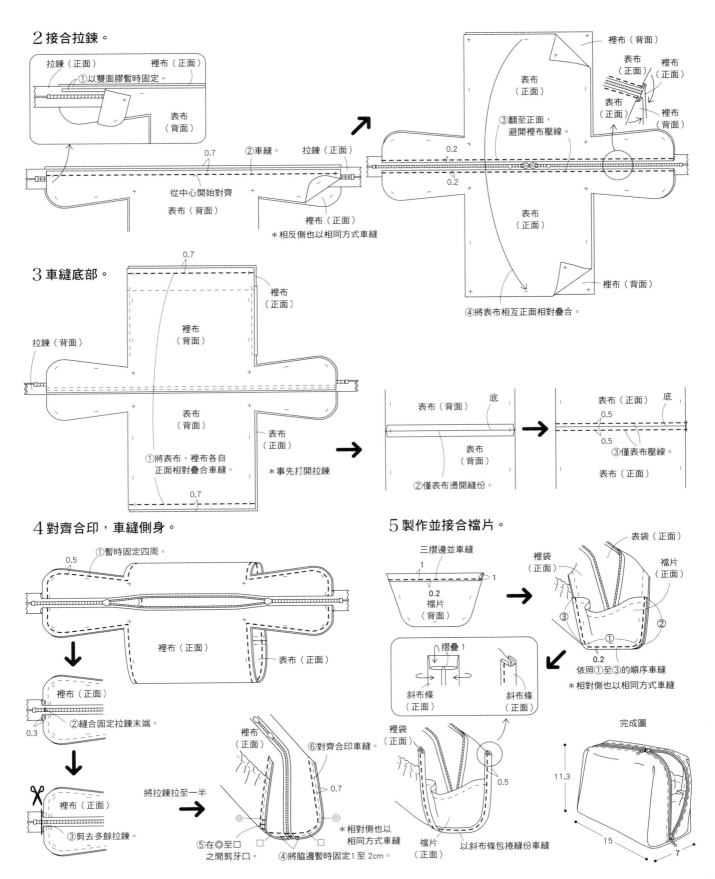

2 接合拉鍊。

拉鍊（正面）　裡布（正面）
①以雙面膠暫時固定。
表布（背面）

0.7　裡布（正面）　②車縫。　拉鍊（正面）

從中心開始對齊
表布（背面）

裡布（正面）

＊相反側也以相同方式車縫

裡布（背面）

表布（正面）
表布（正面）
裡布（正面）
表布（正面）
裡布（背面）

③翻至正面，
避開裡布壓線。

0.2

0.2

表布（正面）

裡布（背面）

④將表布相互正面相對疊合。

3 車縫底部。

0.7

裡布（正面）

裡布（背面）

拉鍊（背面）

表布（背面）

表布（正面）

①將表布、裡布各自
正面相對疊合車縫。

＊事先打開拉鍊

0.7

表布（背面）　底
表布（背面）

②僅表布燙開縫份。

表布（正面）　底
0.5
0.5
表布（正面）
③僅表布壓線。

4 對齊合印，車縫側身。

①暫時固定四周。
0.5

裡布（正面）

表布（正面）

裡布（正面）
②縫合固定拉鍊末端。
0.3

裡布（正面）
③剪去多餘拉鍊。

將拉鍊拉至一半

裡布
（正面）

⑥對齊合印車縫。
0.7

＊相對側也以
相同方式車縫

⑤在◎至□
之間剪牙口。

④將脇邊暫時固定1至2cm。

5 製作並接合檔片。

三摺邊並車縫
1
0.2
檔片
（背面）
1

摺疊1

斜布條
（正面）

斜布條
（正面）

裡袋
（正面）

表袋（正面）

檔片
（正面）

③　①　②

0.2

依照①至③的順序車縫
＊相對側也以相同方式車縫

裡袋
（正面）

0.5

檔片
（正面）

以斜布條包捲縫份車縫

完成圖

11.3

15

7

旅行波奇包　Photo ▷ P.44

完成尺寸
寬22×高16×側身11cm
（不含珠鈕）

原寸紙型
第2面【H】-1袋身、2側身、
3小口金袋身

材料
亞麻布（罌粟花圖案）…75×50cm
亞麻布（奶油土耳其綠色）…35×25cm
棉布（圓點）…100×50cm
接著襯…75×50cm
黏著棉襯…50×50cm

4槽平面鬆緊帶…55cm
親子口金（寬19.8×高7.5cm
角田商店/F122 ATS）…1個
紙繩…適量

裁布圖

亞麻布（罌粟花圖案）

50cm

表袋身（1片）摺雙　（0）

子口金包袋身（2片）　（0）

子口金包口袋（1片）
19
14

75cm

亞麻布（奶油土耳其綠色）

25cm

表側身（2片）　（0）
摺雙

35cm

黏著棉襯

50cm

表袋身（1片）摺雙　（0）

表側身（2片）　（0）

50cm

棉布（圓點）

50cm

裡袋身（2片）　（0）

裡側身（2片）　（0）摺雙

子口金裡袋身（2片）　（0）

內口袋（1片）
16
20

瓶罐收納袋（1片）
30
17

100cm

*（　）內為縫份。除了指定處之外皆加上0.7cm。
* [陰影] 位置在背面黏貼接著襯。

*於表袋身、表側身貼上黏著棉襯

表袋身（背面）
接著襯

▽的部分不貼

表側身（背面）

2 製作子口金包。

摺雙　②0.5壓線。
①對摺。
子口金包口袋（正面）

縫法順序

1 製作表袋。

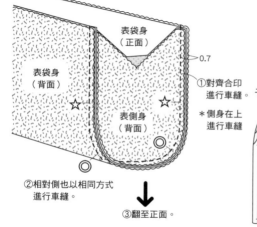

表袋身（正面）
表袋身（背面）
表側身（背面）
0.7
①對齊合印進行車縫
*側身在上進行車縫
②相對側也以相同方式進行車縫。
③翻至正面。

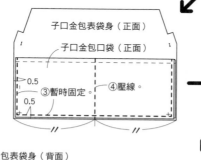

子口金包表袋身（正面）
子口金包口袋（正面）
0.5
0.5
③暫時固定　④壓線。

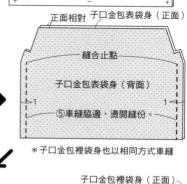

正面相對　子口金包表袋身（正面）
縫合止點
子口金包表袋身（背面）
1　1
⑤車縫脇邊，燙開縫份。

*子口金包裡袋身也以相同方式車縫

子口金包表袋身（背面）
⑥將子口金包表袋身與裡袋身，正面相對重疊。
子口金包裡袋身（背面）

子口金包表袋身（正面）
子口金包裡袋身（背面）
⑦車縫
車縫止點
脇邊

⑧翻至正面

子口金包裡袋身（正面）
0.2
⑨袋口壓線。
子口金包表袋身（正面）

3 將瓶罐收納袋接合於裡袋身。

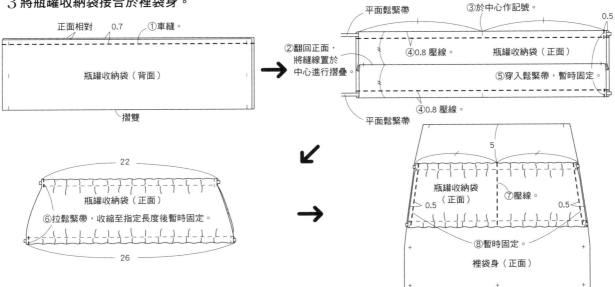

正面相對　0.7　①車縫。

瓶罐收納袋（背面）

摺雙

22

瓶罐收納袋（正面）

⑥拉鬆緊帶，收縮至指定長度後暫時固定。

26

平面鬆緊帶　③於中心作記號。　0.5

②翻回正面，將縫線置於中心進行摺疊。

④0.8 壓線。　瓶罐收納袋（正面）

⑤穿入鬆緊帶，暫時固定。

④0.8 壓線。

平面鬆緊帶

5

瓶罐收納袋（正面）

⑦壓線。

0.5　0.5

⑧暫時固定。

裡袋身（正面）

4 於裡袋身接合內口袋。

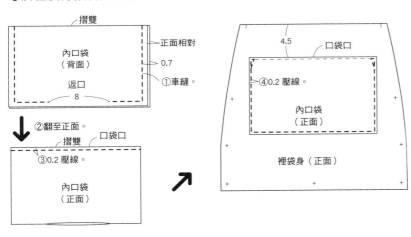

摺雙

內口袋（背面）

返口

8

正面相對　0.7　①車縫。

②翻至正面。

摺雙　口袋口

③0.2 壓線。

內口袋（正面）

4.5　口袋口

④0.2 壓線。

內口袋（正面）

裡袋身（正面）

5 車縫裡袋身與子口金包。

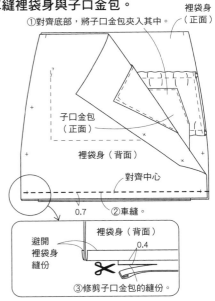

裡袋身（正面）

①對齊底部，將子口金包夾入其中。

子口金包（正面）

裡袋身（背面）

對齊中心

0.7　②車縫。

避開裡袋身縫份

裡袋身（背面）　0.4

③修剪子口金包的縫份。

6 製作裡袋，並與表袋縫合。

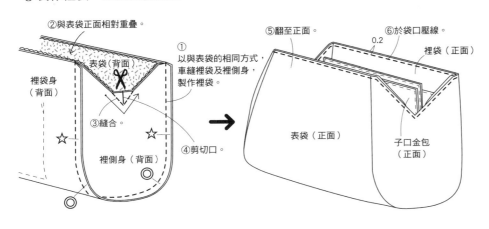

②與表袋正面相對重疊。

表袋（背面）

裡袋身（背面）

①以與表袋的相同方式，車縫裡袋及裡側身，製作裡袋。

③縫合。

④剪切口。

裡側身（背面）

⑤翻至正面。

⑥於袋口壓線。

0.2

裡袋（正面）

表袋（正面）

子口金包（正面）

7 裝上口金。

依照子口金包、親口金包的順序裝上口金，口金的接合方式參照 P.42～P.43

完成圖

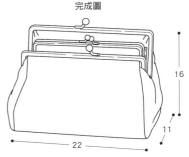

16

11

22

A5記事本波奇包　Photo ▷ P.46

完成尺寸

寬20 x 高24 x 側身4cm
（不含珠釦）

原寸紙型

第2面【I】-1本體

材料

11號帆布（向日葵）…90×30cm
棉布（圓點）…80×30cm
接著襯…70×30cm
口金（寬18×高9cm　角田商店/F71　ATS）…1個
紙繩…適量

裁布圖

11 號帆布（向日葵）

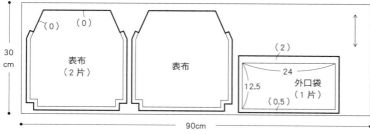

棉布（圓點）

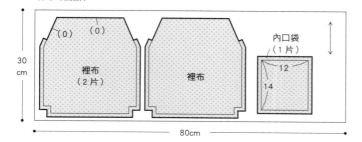

*（　）內為縫份。除了指定處之外皆加上 1cm
* ▨ 位置在背面黏貼接著襯

2 製作表袋。

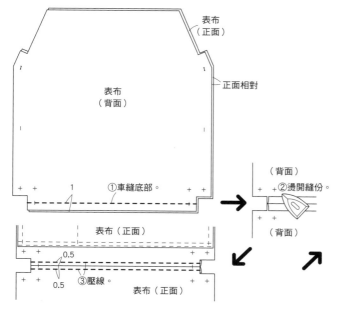

縫法順序

1 接合外口袋。

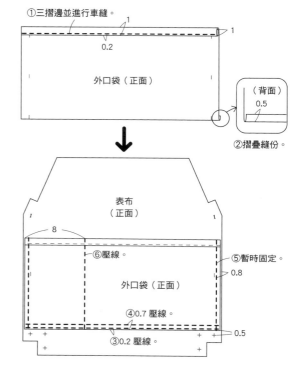

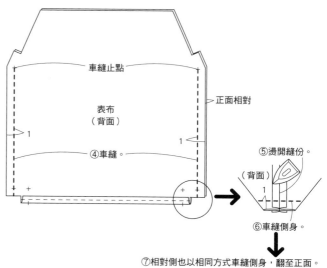

3 接合內口袋。

①車縫。

摺雙

內口袋（背面）

1

返口

6

②翻至正面。

摺雙

③0.2 壓線。

內口袋（正面）

④車縫。

0.2

內口袋（正面）

裡布（正面）

7

4 製作裡袋。

裡布（背面）

正面相對　①車縫底部。　裡布（正面）

1

（背面）

②燙開縫份。

（背面）

裡袋（背面）

③以與表布相同的方式車縫脅邊與側身。

5 車縫表袋及裡袋脅邊。

表袋（正面）

①正面相對疊合。

裡袋（背面）

表袋（背面）

裡袋（背面）

②車縫脅邊。

裡袋（背面）

車縫止點

脅邊

＊相對側也以相同方式車縫

③翻至正面。

6 車縫袋口。

裡袋（正面）　0.2　袋口進行壓線

表袋（正面）

7 裝上口金。

＊安裝口金方式參照 P.42～P.43

完成圖

24

20

4

票卡夾＋鑰匙包　Photo ▷ P.47

完成尺寸
寬8.8×高12.5cm

材料
Tana Lawn（Liberty Print）
…50×30cm
棉麻布（米色）…15×30cm
接著襯…25×25cm
寬8.5cm的彈片口金…1個
附問號鉤伸縮鑰匙圈…1個

內徑1.1cm的問號鉤…1個
直徑1.5m的吊環…1個
內徑0.6cm的問號鉤…1個
直徑1.4cm的雙圈…1個

裁布圖

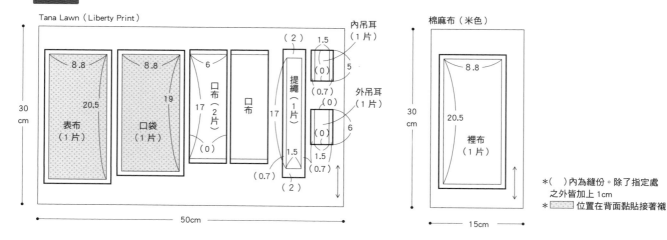

*（　）內為縫份。除了指定處
　之外皆加上1cm
* ▨ 位置在背面黏貼接著襯

縫法順序

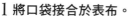

1 將口袋接合於表布。

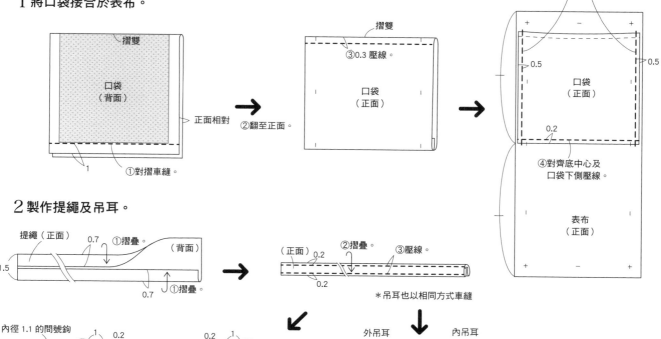

84

3 製作並接合口布。

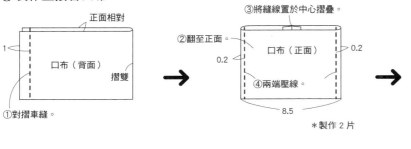

正面相對
1
口布（背面）
摺雙
①對摺車縫。

③將縫線置於中心摺疊。
②翻至正面。
0.2
口布（正面）
0.2
④兩端壓線。
8.5
＊製作2片

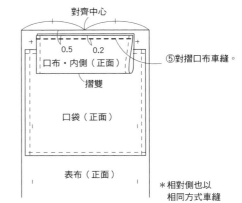

對齊中心
0.5　0.2
口布・內側（正面）
摺雙
⑤對摺口布車縫。
口袋（正面）
表布（正面）
＊相對側也以相同方式車縫

4 暫時固定吊耳。

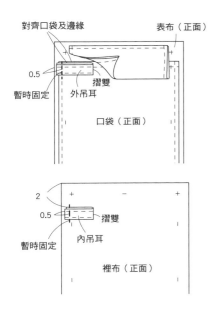

對齊口袋及邊緣
表布（正面）
0.5
摺雙
暫時固定
外吊耳
口袋（正面）

2
0.5
摺雙
暫時固定
內吊耳
裡布（正面）

5 縫合表布及裡布。

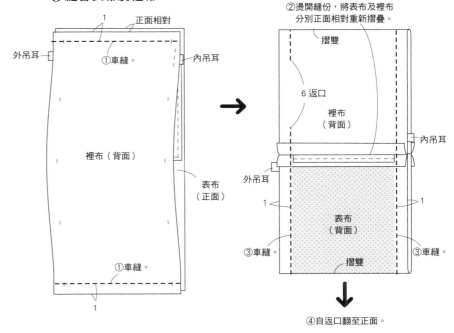

1
正面相對
外吊耳
①車縫。
內吊耳
裡布（背面）
表布（正面）
①車縫。
1

②燙開縫份，將表布及裡布分別正面相對重新摺疊。
摺雙
6返口
裡布（背面）
內吊耳
外吊耳
1
表布（背面）
1
③車縫。
摺雙
③車縫。

④自返口翻至正面。

6 車縫袋口。

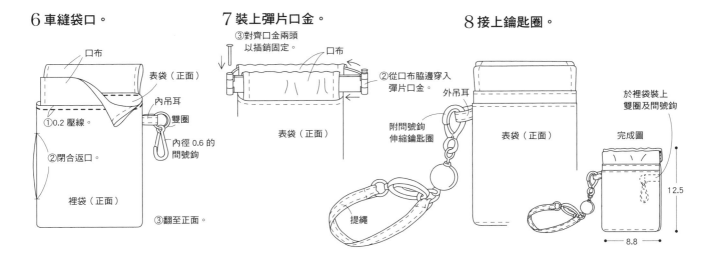

口布
表袋（正面）
①0.2壓線。
內吊耳
雙圈
②閉合返口。
內徑0.6的問號鉤
裡袋（正面）
③翻至正面。

7 裝上彈片口金。

③對齊口金兩頭以插銷固定。
口布
②從口布脅邊穿入彈片口金
表袋（正面）

8 接上鑰匙圈。

外吊耳
附問號鉤伸縮鑰匙圈
表袋（正面）
提繩

於裡袋裝上雙圈及問號鉤
完成圖
12.5
8.8

手冊波奇包　Photo ▷ P.48

完成尺寸
寬12×高17cm（摺起的狀態）

原寸紙型
第2面【J】-1掀蓋

材料
棉布（直條紋）…19×36cm
棉布（花朵圖案）…23×26cm
棉布（紅色圓點圖案）…19×22cm
棉布（白色圓點圖案）…19×37cm
長20cm的FLATKNIT®拉鍊…1條

直徑1.2cm的按釦…1組
黏著棉襯…10×7cm

裁布圖

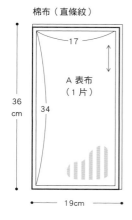

棉布（直條紋）

A 表布
（1片）

36cm
34
17
19cm

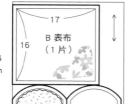
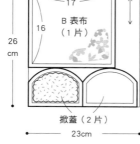

棉布（花朵圖案）

B 表布
（1片）

26cm
16
17
掀蓋（2片）
23cm

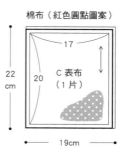

棉布（紅色圓點圖案）

C 表布
（1片）

22cm
20
17
19cm

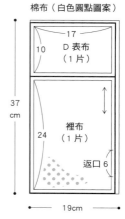

棉布（白色圓點圖案）

D 表布
（1片）
10
17

裡布
（1片）
24
返口 6

37cm
19cm

＊加上 0.7cm 縫份
＊ ▨ 位置在背面黏貼黏著棉襯

縫法順序

1 製作掀蓋。

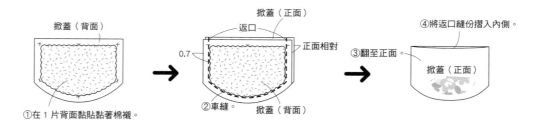

掀蓋（背面）
①在1片背面黏貼黏著棉襯。

返口
掀蓋（正面）
正面相對
0.7
②車縫。
掀蓋（背面）

④將返口縫份摺入內側。
③翻至正面。
掀蓋（正面）

2 接合表布 A 至 D。

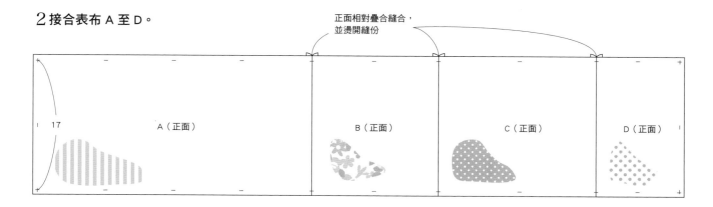

正面相對疊合縫合，
並燙開縫份

17
A（正面）　　　B（正面）　　　C（正面）　　　D（正面）

3 接合掀蓋。

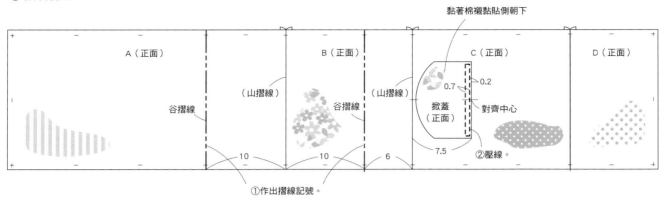

黏著棉襯黏貼側朝下

A（正面）　　　B（正面）　　　C（正面）　　　D（正面）

（山摺線）　　　（山摺線）

谷摺線　　　谷摺線

0.7　　0.2

掀蓋
（正面）　　對齊中心

7.5　　②壓線。

10　　10　　6

①作出摺線記號。

4 摺疊表布。

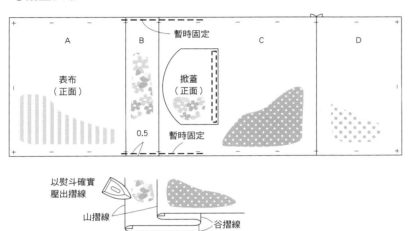

A　　B　　C　　D

暫時固定

表布
（正面）

掀蓋
（正面）

0.5

暫時固定

以熨斗確實
壓出摺線

山摺線　　谷摺線

5 對齊裡布接合拉鍊。

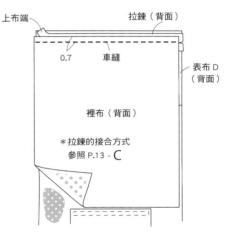

上布端　　拉鍊（背面）

0.7　　車縫

表布 D
（背面）

裡布（背面）

＊拉鍊的接合方式
參照 P.13 - C

6 車縫脇邊。

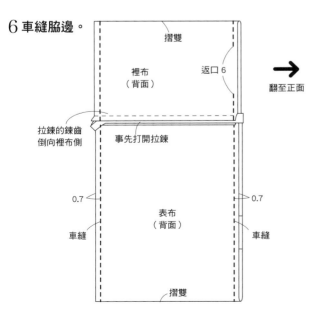

摺雙

裡布
（背面）　　返口 6

翻至正面

拉鍊的鍊齒
倒向裡布側

事先打開拉鍊

0.7　　0.7

車縫　　車縫

表布
（背面）

摺雙

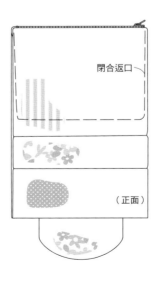

閉合返口

（正面）

7 縫上按釦。

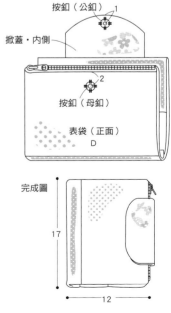

按釦（公釦）　　1

掀蓋・內側

按釦（母釦）　　2

表袋（正面）
D

完成圖

17

12

鑰匙包 Photo ▷ P.50

完成尺寸
寬6×高4×側身3cm

材料
亞麻布（粉紅色）…10.4×7.8cm
亞麻布（直條紋）…10.4×7.4cm
棉布（圓點圖案）…10.4×12.4cm
棉布（隨機圓點圖案）…4.8×13cm
黏著棉襯…9×11cm

長10cm的FLATKNIT®拉鍊…1條
寬1.2cm的吊耳用織帶…4cm
直徑1.5cm的雙圈…1個

長度

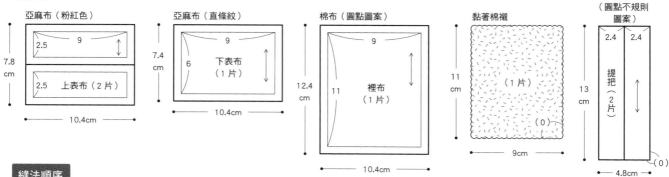

亞麻布（粉紅色）
7.8cm
10.4cm
2.5　9
上表布（2片）
2.5

亞麻布（直條紋）
7.4cm
9
下表布（1片）
6
10.4cm

棉布（圓點圖案）
12.4cm
9
11
裡布（1片）
10.4cm

黏著棉襯
11cm
（1片）
9cm
（0）

棉布（圓點不規則圖案）
13cm
2.4　2.4
提把（2片）
4.8cm
（0）

＊（　）內為縫份。除了指定處之外皆加上 0.7cm

縫法順序

1 製作提把。

0.1　（正面）
0.6
0.1
四摺邊並壓線
＊製作 2 條

2 製作表布。

①夾住提把進行車縫。
中心
正面相對　1.5　1.5　提把
上表布（背面）
下表布（正面）
＊ 相對側也以相同方式車縫

（正面）
②縫份倒向
下表布側。

③黏貼黏著棉襯。
表布（背面）
黏著棉襯

表布（正面）
2　2
④提把以手藝用黏膠黏貼
或車縫固定。
＊ 相對側也以相同方式製作

3 接合拉鍊。

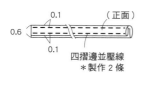

1.5　0.7　①車縫
表布（背面）拉鍊（正面）
0.7
裡布（背面）　車縫
2
下止

拉鍊（背面）
②車縫　6　2
表布（正面）
上止
裡布（正面）
避開提把

1.5　③車縫。　表布（正面）
上止　1.5　返口
5.4
裡布（背面）

④拉鍊末端的縫法
參照 P.13 - C -⑤

4 車縫脇邊。

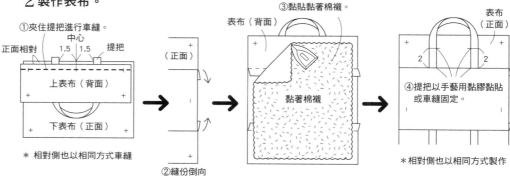

＜吊耳＞
①穿入吊環。
織帶（正面）
②Z 字形車邊。
③夾住吊耳

0.7　摺雙　0.7
裡布（背面）
1　返口
⑤剪去多餘部分。
表布（背面）
摺雙
④車縫。

5 車縫側身。

①燙開縫份。　（背面）
1.5　1.5
0.7
③剪去多餘部分。　②車縫。

（背面）
④Z 字形車邊。

⑤分別車縫表布、裡布，
並將縫份倒向底側。

⑥翻至正面閉合返口。

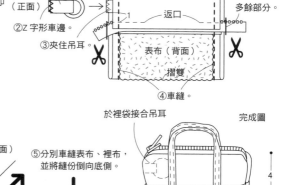

於裡袋接合吊耳
完成圖
4
3
6

88

大小拼接束口袋　Photo ▷ P.51

完成尺寸

〈大〉　寬12×高16cm
〈小〉　寬6×高8cm

材料

〈大〉
Tana Lawn（Liberty Print）
…18×40cm
棉布（直條紋）…14×26cm
棉布（圓點）…14×20cm

〈小〉
Tana Lawn（Liberty Print）
…12×20cm
棉布（直條紋）…8×10cm
棉布（圓點）…8×20cm

裁布圖

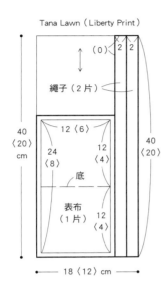

Tana Lawn（Liberty Print）

繩子（2片）

表布（1片）
底
12〈6〉
24〈8〉
12〈4〉
12〈4〉
40〈20〉cm
（0）
2　2
40〈20〉
18〈12〉cm

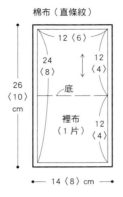

棉布（直條紋）

裡布（1片）
底
12〈6〉
24〈8〉
12〈4〉
12〈4〉
26〈10〉cm
14〈8〉cm

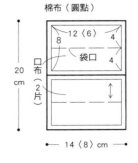

棉布（圓點）

袋口
口布（2片）
12〈6〉
8　4
4
20cm
14〈8〉cm

*〈　〉內為小的長度。無指定處皆與大的相同
*（　）內為縫份。除指定處外皆加上1cm

縫法順序

1 車縫本體及口布。

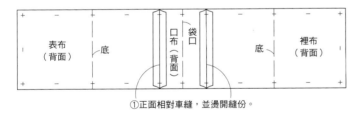

表布（背面）　底　口布（背面）　袋口　底　裡布（背面）
①正面相對車縫，並燙開縫份。

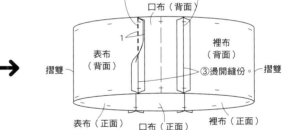

②與另1片口布縫合成環狀。
口布（背面）
表布（背面）　1　裡布（背面）
摺雙　③燙開縫份。　摺雙
表布（正面）　口布（正面）　裡布（正面）

2 車縫脇邊，製作穿繩布。

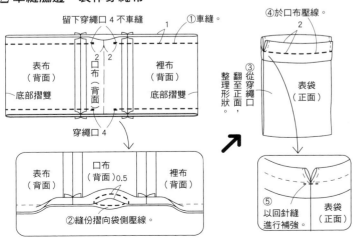

留下穿繩口4不車縫
①車縫。
表布（背面）　口布（背面）　裡布（背面）
底部摺雙　底部摺雙
2　1
穿繩口4
②縫份摺向袋側壓線。
口布（背面）0.5

④於口布壓線。
2
表袋（正面）
③從穿繩口翻至正面，整理形狀。
⑤以回針縫進行補強。
表袋（正面）

3 製作綁繩並穿入。

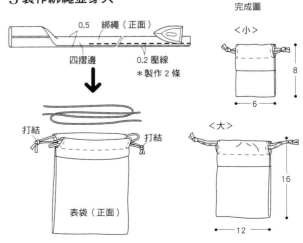

0.5　綁繩（正面）
四摺邊　0.2壓線
*製作2條

打結　表袋（正面）　打結

完成圖
〈小〉
8
6

〈大〉
16
12

鉤針波奇包　Photo ▷ P.52

完成尺寸
寬27×高18cm（不含綁繩）

材料
彩色亞麻布（蘑菇色）…60×25cm
Tana Lawn（Liberty Print）…70×35cm
接著襯…70×50cm

裁布圖

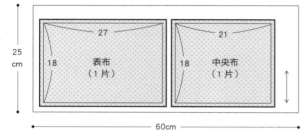

彩色亞麻布（蘑菇色）

25cm

27
18
表布（1片）

21
18
中央布（1片）

60cm

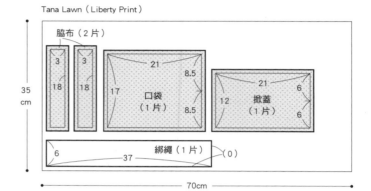

Tana Lawn（Liberty Print）

脇布（2片）

35cm

3　3
18　18

17
21
8.5
口袋（1片）
8.5

12
21
6
掀蓋（1片）
6

6
綁繩（1片）
37
（0）

70cm

*（　）內為縫份。除了指定處之外皆加上 1cm
* ▨▨▨ 位置在背面點貼接著襯

縫法順序

1 製作綁繩。

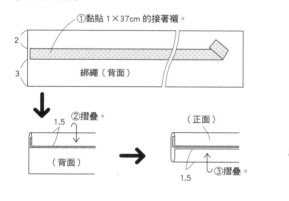

①黏貼 1×37cm 的接著襯。

2
3
綁繩（背面）

②摺疊。
1.5
（背面）

1.5

（正面）
1.5
③摺疊。

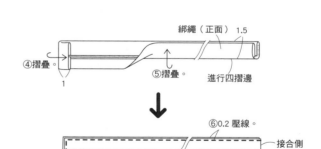

綁繩（正面）1.5
④摺疊。
1
⑤摺疊。
進行四摺邊

⑥0.2 壓線。
接合側

2 接合口袋。

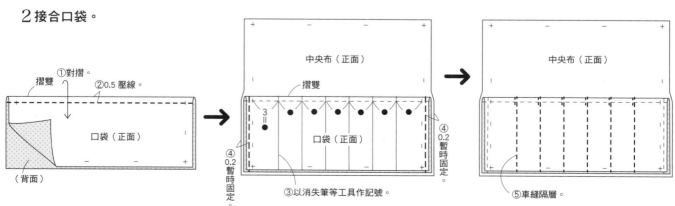

①對摺。
摺雙
②0.5 壓線。
口袋（正面）
（背面）

中央布（正面）
摺雙
3＝
④0.2暫時固定。
④0.2暫時固定。
口袋（正面）
③以消失筆等工具作記號。

中央布（正面）
④0.2暫時固定。
⑤車縫隔層。

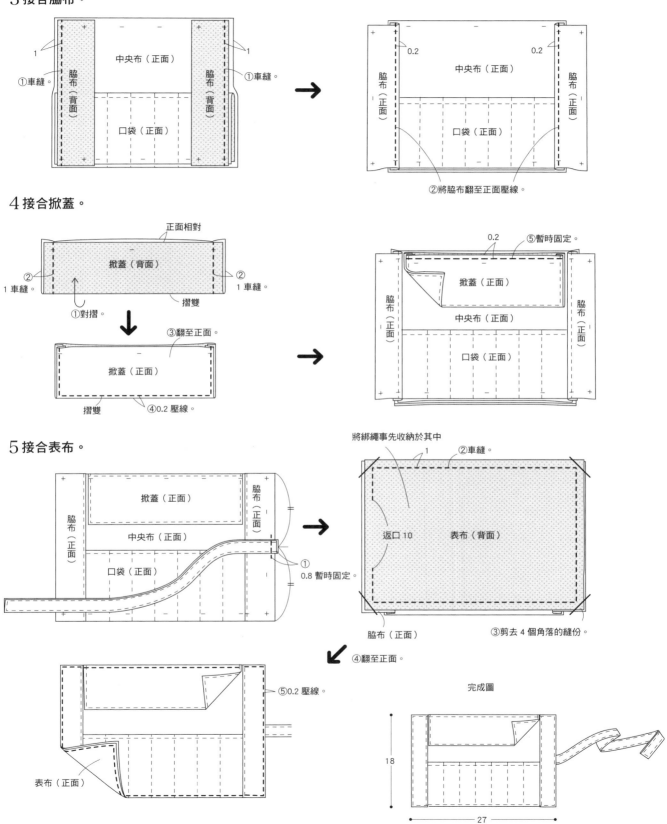

3 接合脇布。

① 車縫。
脇布（背面）
中央布（正面）
口袋（正面）
① 車縫。

0.2
中央布（正面）
脇布（正面）
口袋（正面）
0.2
② 將脇布翻至正面壓線。

4 接合掀蓋。

② 1 車縫。
正面相對
掀蓋（背面）
② 1 車縫。
摺雙
① 對摺。

③ 翻至正面。
掀蓋（正面）
摺雙
④ 0.2 壓線。

0.2
⑤ 暫時固定。
脇布（正面）
掀蓋（正面）
中央布（正面）
脇布（正面）
口袋（正面）

5 接合表布。

脇布（正面）
掀蓋（正面）
脇布（正面）
中央布（正面）
口袋（正面）
①
0.8 暫時固定。

將綁繩事先收納於其中
1
② 車縫。
返口 10
表布（背面）
脇布（正面）
③ 剪去 4 個角落的縫份。
④ 翻至正面。

表布（正面）
⑤ 0.2 壓線。

完成圖
18
27

利樂波奇包 A　Photo ▷ P.53

完成尺寸
寬14×高14×厚14cm
（不含提繩）

材料
棉布（格紋）…40×20cm
被單布（米色）…30×20cm
黏著棉襯…30×20cm
長12cm的金屬拉鍊…1條
內徑1cm的問號鉤…1個
直徑2cm的接環…1個

直徑0.1cm的蠟繩…20cm
直徑1.2cm的圓珠…1個
直徑1cm的扁珠…2個

裁布圖

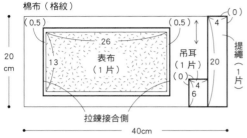

棉布（格紋）
（0.5）　　（0.5）　（0）
4
20cm
表布（1片）
26
13
吊耳（1片）
提繩（1片）
20
（0）
4
6
拉鍊接合側
40cm

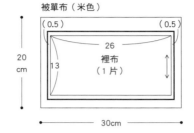

被單布（米色）
（0.5）　　（0.5）
20cm
裡布（1片）
26
13
30cm

＊（　）內為縫份。除了指定處之外皆加上1cm
＊ ▨ 位置在背面黏貼接著襯

縫法順序

2 接合拉鍊。

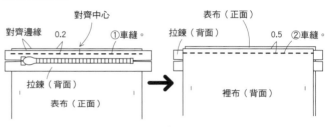

對齊邊緣　對齊中心
0.2　①車縫
拉鍊（背面）
拉鍊（背面）
表布（正面）
表布（正面）
0.5　②車縫
裡布（背面）

③相對側也以相同方式車縫。

④翻至正面　　背面相對
裡布（正面）
0.2　0.2
表布（正面）
底
拉鍊（正面）
⑤避開裡布壓線。
參照P.11- ③ -④

1 製作提繩。

〈提繩〉
（正面）0.2
1
0.2
①四摺邊並進行壓線。

〈吊耳〉
0.2 （正面）
1
0.2

④穿入問號鉤。
1
0.2　0.2　1
16　0.5
⑤三摺邊壓線。
②穿入吊環。
③對摺並暫時固定。

3 車縫底部。

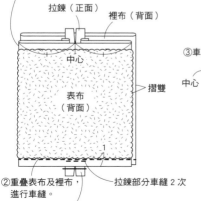

①翻至背面摺疊。
拉鍊（正面）　裡布（背面）
中心
表布（背面）
摺雙
1
②重疊表布及裡布，
進行車縫。
拉鍊部分車縫2次
③剪去多餘部分。

4 車縫後側。

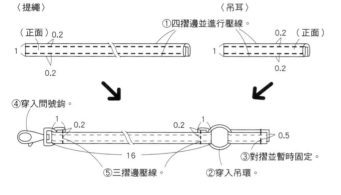

①將表布、裡布
各自正面相對疊合。
②夾住吊耳
③車縫
中心
1
1
表布（背面）
摺雙
拉鍊的鍊齒倒向裡布側
事先打開拉鍊
返口6
裡布（背面）
摺雙
底
④翻至正面，並閉合返口。

5 裝上拉頭裝飾。
＊作法與 P.93 相同

完成圖

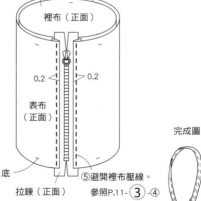

14
14　14

92

利樂波奇包 B　Photo ▷ P.53

完成尺寸
寬12.5×高28×厚12.5cm
（不含提繩）

材料
不含提繩…40×35cm
保溫・保冷片…30×30cm
接著襯…30×30cm
長27cm的金屬拉鍊…1條
內徑1cm的問號鉤…1個
直徑2cm的接環…1個

直徑0.1cm的蠟繩…20cm
直徑1.2cm的圓珠…1個
直徑1cm的扁珠…2個

裁布圖

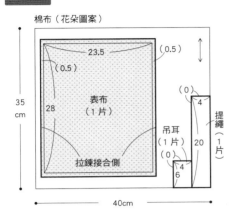

棉布（花朵圖案）

23.5　（0.5）
（0.5）
表布（1片）
35 cm
28
拉鍊接合側
40cm

（0）
4
提繩（1片）
吊耳（1片）
（0）
20
4
6

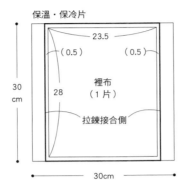

保溫・保冷片

23.5
（0.5）　（0.5）
裡布（1片）
30 cm
28
拉鍊接合側
30cm

*（ ）內為縫份。
　除了指定處之外皆加上 1cm
* ▨ 位置在背面黏貼接著襯

縫法順序

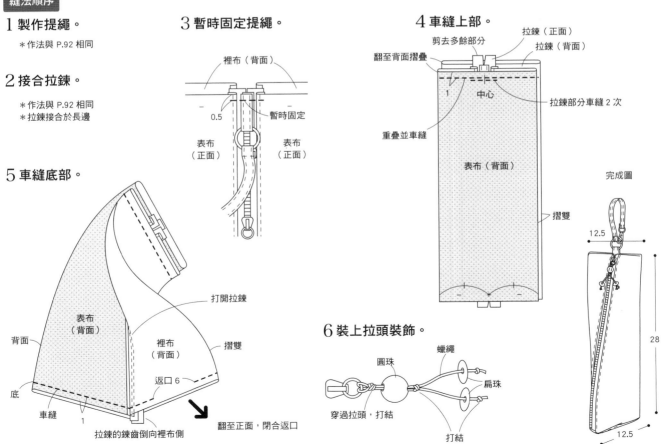

1 製作提繩。
*作法與 P.92 相同

3 暫時固定提繩。

裡布（背面）
0.5
暫時固定
表布（正面）
表布（正面）

4 車縫上部。

剪去多餘部分
拉鍊（正面）
拉鍊（背面）
翻至背面摺疊
1
中心
拉鍊部分車縫2次
重疊並車縫
表布（背面）
摺雙

2 接合拉鍊。
*作法與 P.92 相同
*拉鍊接合於長邊

5 車縫底部。

表布（背面）
背面
底
車縫
1
拉鍊的鍊齒倒向裡布側
打開拉鍊
裡布（背面）
摺雙
返口 6
翻至正面，閉合返口

6 裝上拉頭裝飾。

圓珠
蠟繩
扁珠
穿過拉頭，打結
打結

完成圖
12.5
28
12.5

93

貝果波奇包　Photo ▷ P.54

完成尺寸
約寬12×高12×側身12cm

材料
Tana Lawn（Liberty Print）…35×50cm
棉麻布（米色）…55×50cm
長20cm的金屬拉鍊…1條
接著襯…22×45cm

裁布圖

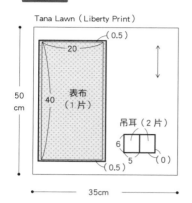

Tana Lawn（Liberty Print）

（0.5）
20
50cm
40
表布（1片）
（0.5）
吊耳（2片）
6
5（0）
35cm

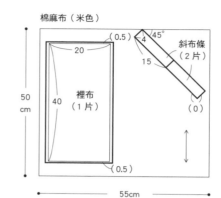

棉麻布（米色）

（0.5）
20
45°
4
斜布條（2片）
15
50cm
40
裡布（1片）
（0）
（0.5）
55cm

*（　）內為縫份。除了指定處之外皆加上1cm
* ▨ 位置在背面黏貼接著襯

縫法順序

1 接合拉鍊。

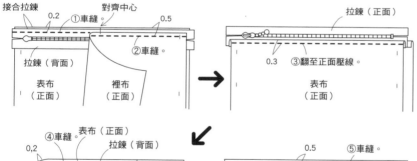

接合拉鍊　0.2　①車縫　對齊中心　0.5
拉鍊（背面）
②車縫。
表布（正面）　裡布（正面）

拉鍊（正面）
0.3　③翻至正面壓線。
表布（正面）

④車縫。　表布（正面）
0.2　拉鍊（背面）
對齊邊緣
裡布（正面）　摺疊

0.5　⑤車縫。
裡布（背面）
摺疊

表布（正面）
0.3　⑥翻至正面壓線。
表布（正面）

2 接合吊耳。

* 縫法參照 P.61

3 摺疊並車縫脇邊。

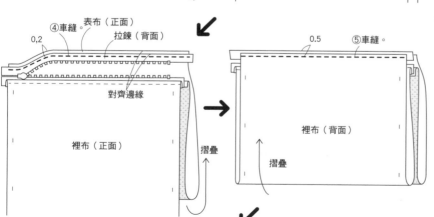

0.5
裡布（正面）
0.5
暫時固定　暫時固定
摺雙

1　車縫　摺雙　車縫　1　對齊中心
裡布（正面）
7
事先打開拉鍊　摺雙

4 以斜布條包捲縫份。

* 縫法參照 P.61

5 翻至正面調整形狀。

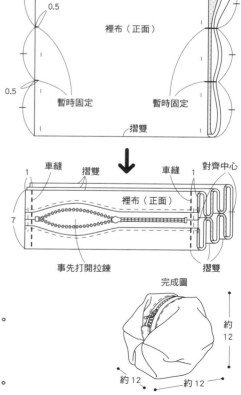

完成圖
約12
約12　約12

貓咪束口袋　Photo ▷ P.55

完成尺寸
寬19×高9.8×側身4cm
（展開狀態）

原寸紙型
第2面【K】-1本體、2耳朵

材料（1個的用量）
棉布（三花貓紋）…50×30cm
被單布（米白色）…50×20cm
直徑0.2cm的蠟繩（白）…55cm×2條

裁布圖

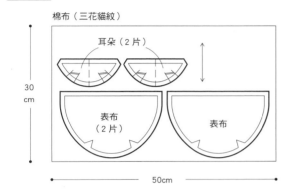

棉布（三花貓紋）
耳朵（2片）
30cm
表布（2片）
表布
50cm

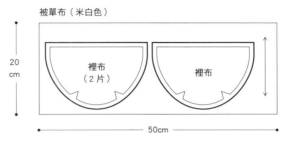

被單布（米白色）
20cm
裡布（2片）
裡布
50cm

＊加上1cm縫份

縫法順序

1 製作耳朵。

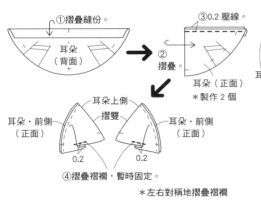

①摺疊縫份。
耳朵（背面）
②摺疊。
③0.2壓線。
耳朵（正面）
＊製作2個

耳朵上側
摺雙
耳朵・前側（正面）
耳朵・前側（正面）
0.2　　0.2
④摺疊褶襉，暫時固定。
＊左右對稱地摺疊褶襉

2 車縫表布及裡布袋口。

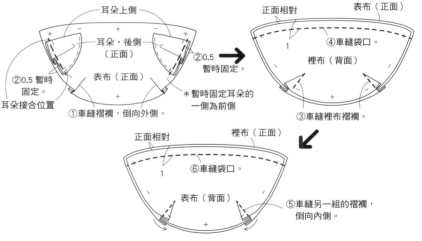

耳朵上側
耳朵・後側（正面）
表布（正面）
②0.5暫時固定。
耳朵接合位置
①車縫褶襉，倒向外側。
＊暫時固定耳朵的一側為前側

正面相對
表布（正面）
裡布（背面）
①
④車縫袋口。
③車縫裡布褶襉。
②0.5暫時固定。

正面相對
裡布（正面）
①
⑥車縫袋口。
表布（背面）
⑤車縫另一組的褶襉，倒向內側。

3 車縫脇邊、底。

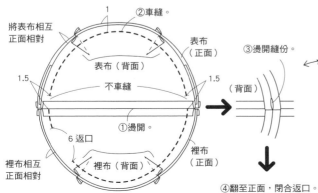

將表布相互正面相對
②車縫。
1
表布（正面）
表布（背面）
1.5
不車縫
1.5
6 返口
①燙開。
裡布（背面）
裡布相互正面相對
裡布（正面）

③燙開縫份。
（背面）
①燙開。
④翻至正面，閉合返口。

4 穿入綁繩。

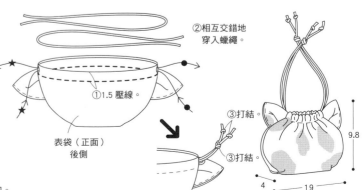

②相互交錯地穿入蠟繩。
①1.5壓線。
表袋（正面）後側

③打結。
③打結。

完成圖
9.8
4　　19

【Fun手作】138

超實用波奇包小教室

授　　　　權／日本VOGUE社
譯　　　者／周欣芃
發　行　人／詹慶和
執 行 編 輯／黃璟安
編　　　輯／蔡毓玲・劉蕙寧・陳姿伶・陳昕儀
執 行 美 編／韓欣恬
美 術 編 輯／陳麗娜・周盈汝
出　版　者／雅書堂文化事業有限公司
發　行　者／雅書堂文化事業有限公司
郵政劃撥帳號／18225950
戶　　　名／雅書堂文化事業有限公司
地　　　址／220新北市板橋區板新路206號3樓
網　　　址／www.elegantbooks.com.tw
電 子 郵 件／elegant.books@msa.hinet.net
電　　　話／(02)8952-4078
傳　　　真／(02)8952-4084

2020年6月初版一刷　定價420元

TANOSHIKU MANABERU!POUCH NO KYOUSHITSU
(NV70502)
Copyright ©NIHON VOGUE-SHA 2018
All rights reserved.
Photographer:Yukari Shirai,Noriaki Moriya
Original Japanese edition published in Japan by NIHON
VOGUE Corp.
Traditional Chinese translation rights arranged with NIHON
VOGUE Corp.
through Keio Cultural Enterprise Co., Ltd.
Traditional Chinese edition copyright © 2020 by Elegant Books
Cultural Enterprise Co., Ltd.

經銷／易可數位行銷股份有限公司
地址／新北市新店區寶橋路235 巷6 弄3 號5 樓
電話／ (02)8911-0825
傳真／ (02)8911-0801

國家圖書館出版品預行編目資料

超實用波奇包小教室 / 日本VOGUE社授權；周欣芃譯.
-- 初版. -- 新北市：雅書堂文化, 2020.06
　面；　公分. -- (Fun手作 ;138)
ISBN 978-986-302-538-2(平裝)
1.手提袋 2.手工藝
426.7　　　　　　　　　　　　　　　109004145

Staff

攝影／白井由香里（封面）
　　　森谷則秋（作法）
設計／アベユキコ
造型／田中まき子
作法説明／紙型描圖　しかのるーむ
編集協力／森田佳子
編集担／加藤みゆ紀

design & make

服のかたちデザイン　岡田桂子
http://blog.goo.ne.jp/flico

dekobo工房　くぼでらようこ
http://www.dekobo.com/

sewsew　新宮麻里
https://blog.goo.ne.jp/sewsew1

komihinata　杉野未央子
https://blog.goo.ne.jp/komihinata

mini-poche　米田亜里
http://minipoche.cocolog-nifty.com/

攝影協力

UTUWA

工具・素材協力

クロバー
http://www.clover.co.jp/

日本紐釦貿易
https://www.nippon-chuko.co.jp/

ネスホーム
https://www.rakuten.co.jp/nesshome/

FIQ
https://www.fiq-online.com/

fabric bird
https://www.fabricbird.com/

メルシー
https://www.merci-fabric.co.jp/

INAZUMA（植村）
http://www.inazuma.biz/

松尾捺染
https://www.rakuten.co.jp/nassen/

Pouch Bags
Lessons

Pouch Bags
Lessons

Pouch Bags
Lessons

Pouch Bags
Lessons